Spießhirsche und Pudus

Die Gattungen Mazama und Pudu

von Dr. Siegfried Czernay, Erfurt

Mit 44 Abbildungen

Die Neue Brehm-Bücherei

A. Ziemsen Verlag · Wittenberg Lutherstadt · 1987

Czernay, Siegfried:
Spießhirsche und Pudus : d. Gattungen Mazama u. Pudu / von Siegfried Czernay. – 1. Aufl. – Wittenberg Lutherstadt : Ziemsen, 1987. – 84 S. : 44 Ill.
(Die neue Brehm-Bücherei ; 581) ISBN 3-7403-0046-9

ISBN 3-7403-0046-9

ISSN 0138-1423

Die Neue Brehm-Bücherei 581

Lizenz-Nr. 251-510/43/87 · LSV 136 5
Herstellung: VEB Druckerei „G. W. Leibniz“, Gräfenhainichen · 6798
Printed in GDR
Bestellnummer 800 153 9

00740

Einleitung

Südamerika ist arm an Huftieren. Aus der Ordnung der Unpaarhufer gibt es nur drei Arten von Tapiren, unter den Paarhufern die Familie Nabelschweine, die Gattung *Lama* und einige Vertreter aus der Familie Hirsche. Hornträger gab es in Südamerika ursprünglich nicht. Unter den südamerikanischen Hirschen sind die beiden Gattungen *Mazama* und *Pudu* an das Leben am Waldrand und im Dickicht angepaßt. Sie leben so in der ökologischen Nische, die in Südasien durch die Kantschils (*Tragulus*), die Muntjaks (*Muntiacus*) und den Schopfhirsch (*Elaphodus*), in Afrika durch Hirschferkel (*Hyemoschus*) und Duckerantilopen besetzt wird. In Anpassung an diese Lebensweise haben sie wie diese die typische hinten überbaute Buschschlüpfergestalt angenommen.

Bisher wurden diese Tiere von der Forschung leider sehr vernachlässigt, so daß nur relativ wenig über ihre Biologie bekannt ist. Da diese Hirsche nicht sehr besucherwirksam und außerdem schwieriger zu beschaffen und zu halten sind als manche „attraktivere" Art, bekommt man sie in den europäischen Zoos auch nur selten zu sehen.

Beim Zusammentragen der spärlichen, weit verstreuten Informationen über die Spießhirsche und Pudus wurde ich von einer ganzen Reihe von Fachleuten unterstützt, denen ich an dieser Stelle für ihre Hilfe danke: Persönliche Mitteilungen erhielt ich von Frau U. Hick (Zoologischer Garten Köln) sowie den Herren Prof. Dr. sc. Dr. h. c. H. Dathe (Tierpark Berlin), Dr. H. Frädrich (Zoologischer Garten Berlin), Dr. H. Jungius (IUCN), Prof. Dr. H.-W. Koepcke (Universität Hamburg), K. R. Kranz (Zoologischer Garten Washington), Prof. Dr. Ortiz Crespo (Universidad del Sagrado Corazón Puerto Rico), Dipl.-Biol. C. Pohle (Tierpark Berlin), E. J. Ramilo (Parque Nacional de Nahuel Huapi Argentinien), Prof. Dr. Sick (Universidade Federal Rio de Janeiro), R. A. Tinoco (Zoologischer Garten Barranquilla Kolumbien) und Dr. P. Vogt (Zoologischer Garten Krefeld).

Die Milchanalysen der Erfurter Pudus fertigten Frau Prof. Dr. sc. Fiehring (Kinderklinik der Medizinischen Akademie Erfurt) und Herr Dr. sc. Voigtländer (Sektion Tierproduktion und Veterinärmedizin der Karl-Marx-Universität Leipzig), das Sonagramm Herr Prof. Dr. habil. G. Tembrock (Humboldt-Universität Berlin) an. Die Fotos stellten Frau H. Trefz (Erfurt) sowie die Herren Dr. L. Dobroruka (Zoologischer Garten Dvůr Králové ČSSR), Dr. H. Frädrich, Dr. H. Jungius, Prof. Dr. Mafuz Saliba (Zoologischer Garten Sao Paulo), E. J. Ramilo, Z. Šiša (Zoologischer Garten Prag) und Dr. W. Thomas (Zoologischer Garten Los Angeles) zur Verfügung. Bei der Beschaffung von Literatur halfen die Herren Dr. H. Frädrich, Dr. H. Jungius, K. R. Kranz, M. Mac Namara (Bronx Zoo New York), R. L. Marchinton (University of Georgia), E. J. Ramilo und Dr. W. Thomas.

Inhaltsverzeichnis

1. Entdeckungsgeschichte

Als nach der Eroberung großer Teile Mittel- und Südamerikas durch die Spanier und Portugiesen die Erschließung der neuen Territorien erfolgte, beschäftigte man sich auch mit ihrer wissenschaftlichen Erforschung. So erschienen seit der Mitte des 17. Jahrhunderts „Naturgeschichten" einzelner Kolonien oder Gebiete, die sich mit Geographie, Geologie, Tier- und Pflanzenwelt, dem Leben der Ureinwohner u. ä. befaßten. In ihnen finden sich auch die ersten mehr oder weniger gelungenen Abbildungen und Beschreibungen von Neuwelthirschen. So beschreibt Marcgrave 1648 in seinen Historiae rerum naturalium Brasilia 2 Hirsche als Capraea (Ziegen). Wahrscheinlich handelt es sich dabei um den Kamphirsch (*Odocoileus bezoarticus*) sowie Weibchen und Jungtier vom Roten Spießhirsch (*Mazama americana*).

Auch Hernandez bildet 1651 in seiner Geschichte der mexikanischen Pflanzen, Tiere und Mineralien 2 Hirsche ab: den Weißwedelhirsch (*Odocoileus virginianus*) und wieder den Roten Spießhirsch unter dem Trivialnamen Temamaçame. Dieser Name diente späteren Autoren (z. B. Kerr 1792 und Rafinesque 1817) zur wissenschaftlichen Benennung ihrer Erstbeschreibungen. Im heute gültigen Gattungsnamen *Mazama* ist er erhalten geblieben.

Über die verwandtschaftliche Stellung dieser Tiere gibt es auch im 18. Jh. noch keine Klarheit. Die Tiere werden mit zum Teil phantastischen Beschreibungen unter die Ziegen, Moschustiere oder Hirsche eingeordnet.

Die erste wissenschaftliche Beschreibung und Benennung eines Weibchens vom Roten Spießhirsch nach dem Linné'schen System gibt 1777 Erxleben (*Moschus americanus, M. rufofuscus*; Ore nigro, gula alba). Der Artname *americanus* ist bis heute gültig. 1792 beschrieb der chilenische Jesuitenpater Molina die beiden chilenischen Hirsche und zwar den Pudu als Ziege (*Capra Puda*) und den Südandenhirsch als Pferd (*Equus bisulcus*). Während der Pudu schon bald als Hirsch erkannt wurde, stand *Equus bisulcus* noch lange Zeit als vermeintliches Zwischenglied zwischen Einhufern und Paarhufern im Mittelpunkt wissenschaftlichen Interesses.

Im Jahre 1802 gab der verdienstvolle spanische Kolonialoffizier Azara in seinen „Apuntamientos para la historia natural de los quadrúpedos del Paragüay y Rio de la Plata" eine umfangreiche und wahrheitsgetreue Darstellung von Aussehen und Lebensweise der Hirscharten Paraguays und vergleicht sie mit den Beschreibungen anderer Autoren aus dem tropischen Südamerika. Illiger führt 1815 in seiner Familie Rehartige (Caprioli) drei Arten südamerikanischer Zwerghirsche auf: den *Cervus rufus*, dem er als Weibchen *Moschus americanus* Erxleben, 1777 und als Jungtier *M. delicatulus* Shaw, 1792 zuordnet, den *Cervus simplicornis* und den *Cervus Pudu*.

Die kleinen Formen aus den Wäldern der Anden wurden dann erst ab der Mitte des vorigen Jahrhunderts beschrieben: *Mazama rufina* aus Ecuador durch

Bourcier und Pucheran 1852, *Pudu mephistophiles* durch de Winton 1896, *Mazama bricenii* durch Thomas 1908 und *Mazama chunyi* schließlich durch Hershkovitz 1959.

2. Systematische Stellung innerhalb der Familie der Hirsche

Bei der Abgrenzung der rezenten Hirsche gegen die übrigen Gruppen der Wiederkäuer sind sich die meisten Systematiker einig. Lediglich Rütimeyer (1881) und Wagner (1844) rechnen die Giraffen als Unterfamilie zu den Hirschen, und Flerov (1950 und 1952) erkennt den Moschustieren mit einiger Berechtigung den Rang einer eigenen Familie zu. Dagegen gehen die Ansichten der Systematiker zur Unterteilung der Familie – mit Ausnahme der allgemeinen Anerkennung der Unterfamilie Moschinae – auch heute noch weit auseinander.

Brooke (1878) schuf mit seiner Klassifikation der Hirsche die Grundlage für eine moderne Systematik der Hirsche. Er verwendete hauptsächlich anatomische Merkmale der Vorderextremitäten und des Schädels. Je nach dem, ob die proximalen (körpernahen) oder die distalen (körperfernen) Enden der äußeren Metacarpi (Mittelhandknochen) erhalten sind, unterscheidet er Plesiometacarpi oder Telemetacarpi. Zu den Plesiometacarpi rechnen u. a. Muntjak, Schopfhirsch, Rothirsch, Damhirsch sowie die Rusa- und Axishirschgruppe aus Südostasien. Die Telemetacarpi lassen sich durch ein Schädelmerkmal, den Bau des Vomer (Pflugscharbein) weiter unterteilen. Bei Elch *(Alces)*, Wasserreh *(Hydropotes)* und Reh *(Capreolus)* ist der hintere Teil der Nasenhöhle – wie bei allen Plesiometacarpi – nicht durch den Vomer geteilt, während bei den übrigen Telemetacarpi (Rentier und alle amerikanischen Hirsche außer Elch und Wapiti) durch den vollständig verknöcherten Vomer im hinteren Teil der Nasenhöhle zwei getrennte Kammern entstehen.

In der Folgezeit gab es noch einige Einteilungsversuche nach anderen Merkmalen, die aber keine größere Bedeutung erlangten. Erst seit 1922 besteht durch Carette's System der Hirsche eine echte Alternative zu Brooke's Auffassung. Carette lehnt die Einteilung nach der Reduktion der Metacarpalia ab und sieht die Verknöcherung des Vomer als wichtigstes Merkmal an. So kommt er zur Aufstellung von 2 Unterfamilien: Cervinae und Neocervinae. Zu den Cer-

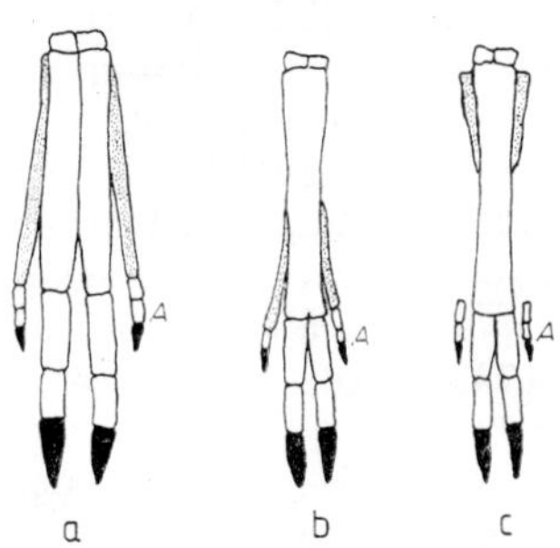

Abb. 1. Reduktion der Mittelhandknochen II und V (punktiert) bei den Cerviden.
a) Traguliden: Mittelhandknochen II, III, IV und V noch vollständig erhalten (Holometacarpie);
b) Odocoileinae: Mittelhandknochen III und IV verschmolzen, nur die distalen Enden der Mittelhandknochen II und V erhalten (Telemetacarpie);
c) Cervinae: Mittelhandknochen III und IV verschmolzen, nur die proximalen Enden der Mittelhandknochen II und V erhalten ohne Verbindung zu den Afterklauen (Plesiometacarpie).
A Afterklauen

Abb. 2. Querschnitt durch den hinteren Teil der Nasenhöhle in Höhe des letzten Backenzahnes (schematisiert).
a) Altwelthirsch (Damhirsch): die Nasenhöhle ist nur teilweise durch Vomer getrennt;
b) Neuwelthirsch (Südpudu): die Nasenhöhle ist durch Vomer vollständig in zwei Kammern getrennt.
A Augenhöhle, G Gaumendach, M letzter Backenzahn, V Vomer (Pflugscharbein)

a

b

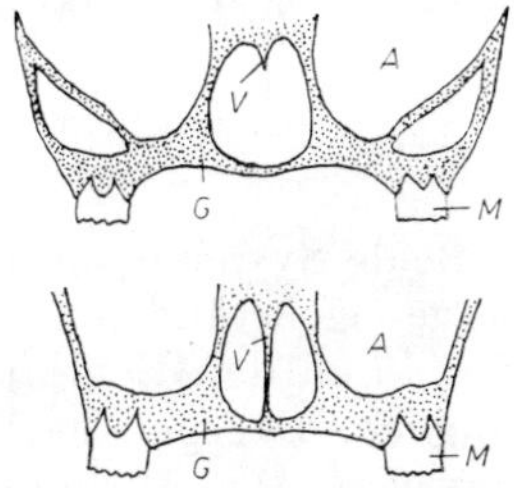

vinae im Sinne Carette's zählen neben den plesiometacarpalen Hirschen auch die telemetacarpalen Gattungen *Capreolus*, *Alces* und *Hydropotes*. Die Neocervinae vereinigen die telemetacarpalen Hirsche mit vollständig verknöchertem Vomer (*Odocoileus*, *Mazama*, *Pudu* und *Rangifer*).

Der Brooke'schen Einteilung in plesio- und metacarpale Hirsche folgen u. a. Simpson (1945) und Haltenorth (1963) mit folgenden Systemen:

Simpson 1945

Überfamilie	Cervoidea
Familie	Cervidae
1. Unterfamilie	Palaeomerycinae +
2. Unterfamilie	Moschinae
3. Unterfamilie	Dromomerycinae +
4. Unterfamilie	Muntiacinae
5. Unterfamilie	Cervinae *(Cervus, Elaphurus)*
6. Unterfamilie	Odocoileinae (Odocoileini, Alcini, Rangiferini, Hydropotini, Capreolini).

Haltenorth 1963

Familie Cervidae

1. Unterfamilie	Moschinae *(Moschus)*
2. Unterfamilie	Hydropotinae *(Hydropotes)*
3. Unterfamilie	Muntiacinae *(Muntiacus, Elaphodus)*
4. Unterfamilie	Odocoileinae *(Odocoileus, Mazama, Capreolus)*
5. Unterfamilie	Alcinae *(Alces)*
6. Unterfamilie	Rangiferinae *(Rangifer)*
7. Unterfamilie	Cervinae *(Cervus, Elaphurus)*.

Dem Carette'schen System folgt u. a. Flerov 1952

1. Familie	Moschidae
2. Familie	Cervidae
1. Unterfamilie	Cervulinae *(Muntiacus, Elaphodus)*
2. Unterfamilie	Hydropotinae *(Hydropotes)*

3. Unterfamilie	Cervinae *(Capreolus, Cervus, Elaphurus, Alces)*
4. Unterfamilie	Neocervinae *(Mazama, Pudu, Odocoileus, Rangifer)*.

Beide Systeme können nicht ganz befriedigen. So haben Elch und Reh eine lange eigenständige Entwicklung hinter sich, und eine nähere Verwandtschaft sowohl zu den Echthirschen als auch zu den Neuwelthirschen erscheint recht fraglich. Dagegen hat das Rentier viele Gemeinsamkeiten mit den Neuwelthirschen. Die Ausbildung von Geweihen beim weiblichen Geschlecht, die in einigen Gebieten auch fehlen kann, und Anpassungen an den extremen Lebensraum im hohen Norden scheinen keine ausreichende Begründung zur Aufstellung einer eigenen Unterfamilie.

Es wird die folgende Einteilung der rezenten Hirsche vorgenommen:

Überfamilie	Cervoidea
1. Familie	Moschidae Moschustiere
2. Familie	Cervidae eigentliche Hirsche
Unterfamilie	Muntiacinae Muntjakhirsche *(Muntiacus, Elaphodus)*
Unterfamilie	Cervinae Echthirsche *(Cervus, Elaphurus)*
Unterfamilie	Odocoileinae Neuwelthirsche *(Odocoileus, Hippocamelus, Mazama, Pudu, Rangifer)*
Unterfamilie	Alcinae Elche *(Alces)*
Unterfamilie	Capreolinae Rehe *(Capreolus)*
Unterfamilie	Hydropotinae Wasserrehe *(Hydropotes)*

Carette (1922) und Haltenorth (1963) sind der Meinung, daß die Unterschiede zwischen Pudus und Spießhirschen nicht ausreichen, um sie in getrennte Gattungen zu stellen. Dagegen räumt Pocock (1923) den Pudus wegen ihres von den übrigen Hirschen abweichenden Fußbaues (siehe 5.2.2.) sogar den Rang einer eigenen Unterfamilie ein. Solange die Untermauerung einer näheren Verwandtschaft durch umfassendere anatomische und physiologische Untersuchungen aussteht, soll hier die von der Mehrzahl der Autoren verwendete Einteilung in die beiden Gattungen *Mazama* und *Pudu* innerhalb der Unterfamilie Neuwelthirsche (Odocoileinae) beibehalten werden.

3. Abstammung

Über die Herkunft der Neuwelthirsche gibt es unterschiedliche Auffassungen. Matthew (1908) nimmt eine von den anderen Hirschen unabhängige Entwicklung aus nordamerikanischen Traguliden an. Dagegen vertreten Thenius u. Hofer (1960) die Meinung, daß die Odocoileinae in Asien entstanden sind und erst später nach Nordamerika einwanderten. Unabhängig davon, ob holometacarpale Traguliden oder Cervoiden oder bereits telemetacarpale Cerviden nach Amerika kamen, ist eine eigenständige Entwicklung der Neuwelthirsche als sicher anzusehen.

Als Vorfahre der Neuwelthirsche wird der telemetacarpale geweihlose *Palaeo-*

meryx, ein Cervoide aus dem Miozän Nordamerikas angesehen. Übergangsformen zu den eigentlichen Neuwelthirschen sind leider nicht bekannt. Die fossilen Reste lassen sich entweder nicht eindeutig einordnen, oder sie stehen den rezenten Formen bereits sehr nahe. Die Gattung *Odocoileus* trat erstmals im Pliozän (Early Blancan) Nordamerikas auf.

Eine Einwanderung nach Südamerika kann erst über die sogenannte „Lamabrücke" erfolgt sein, eine Landbrücke im Pliozän vor 2 bis 3 Millionen Jahren (Lydekker 1898, Banarescu u. Boscaiu 1978). Thenius (1964) spricht sogar davon, daß die Hirsche erst in 2 Wellen im Pleistozän nach Südamerika kamen. Folglich müssen sich die Neuwelthirsche – zumindestens teilweise – in Nord- oder Mittelamerika entwickelt haben.

Aus dem Pleistozän Südamerikas sind einige Gattungen telemetacarpaler Hirsche bekannt: *Mazama* und *Odocoileus* sowie die ausgestorbenen Gattungen *Antifer* und *Morenelaphus*.

Die spärlichen Fossilien bzw. die Schwierigkeiten bei ihrer Einordnung und das gleichzeitige Auftreten von Formen, die den beiden rezenten Gattungen *Odocoileus* und *Mazama* nahestehen, erschweren die Beurteilung, ob die Mazamas oder die Formen mit verzweigten Geweihen ursprünglicher sind. Das gelegentliche Auftreten von mehrendigen Geweihen bei Spießhirschen wird von den verschiedenen Systematikern unterschiedlich gewertet.

Einige Zoologen halten die Spießhirsche für ursprünglich. Als Merkmale dafür nennen sie die geringe Größe, das „Kindergesicht", das konvexe Kopfprofil, die gelegentlich vorhandenen oberen Eckzähne sowie den unregelmäßigen Geweihwechsel und die hohen Rosenstöcke. Die gelegentliche Mehrendigkeit halten sie für ein „Luxurieren progressiver Varianten" (Bubenik 1966).

Andere Zoologen halten den Körperbau der Spießhirsche für sekundär vereinfacht in Anpassung an die Lebensweise im dichten Unterholz bzw. für ein Stehenbleiben auf kindlicher Stufe. Die gelegentlichen Verzweigungen der Stangen müssen so als Atavismus betrachtet werden. Als Vorfahren der Spießhirsche müssen mittelgroße Savannenhirsche mit Geweihen in Gabler- oder Sechserstufe angenommen werden. Die ältesten in Südamerika gefundenen Fossilien von Hirschen (Monte Hermoso-Schicht Argentiniens) hatten bereits hochentwickelte Geweihe.

Ein weiteres Argument für ein jüngeres Alter der Mazamas ist deren geographische Verbreitung. Während die Gattung *Odocoileus* sowohl in Nord- als auch in Südamerika verbreitet ist, beschränkt sich die Gattung *Mazama* auf die neotropische Region. Bei einer Entstehung der Gattung in Nordamerika wäre ein Fehlen in den geeigneten Gebieten im Südosten der USA nicht erklärbar. Einer Ausbreitung von Mittel- oder Südamerika aus stehen die Trockengebiete Nordmexikos und des Südwestens der USA als wirksame ökologische Schranke im Wege.

Es spricht also viel dafür, daß sich die Spießhirsche im tropischen Südamerika aus mittelgroßen Savannenhirschen in Anpassung an das Leben im dichten Unterholz entwickelten. Zweifellos stellen die beiden Puduarten den Endpunkt dieser Entwicklung dar. Eine stärkere Reduktion der Fußwurzelknochen (s. u.) schließt sie als Vorfahren der Spießhirsche aus. Gegen die Auffassung Hershkovitz's (1982), daß es sich bei den Pudus und Spießhirschen lediglich um konvergente Entwicklungen handelt, spricht eine erfolgreiche Kreuzung zwischen Südpudu und Rotem Spießhirsch in Lord Derbys Menagerie (Gray 1850).

4. Die Spießhirsche

4.1. Die Gattung *Mazama*

4.1.1. *Synonyme*

Gültiger Gattungsname für die Spießhirsche ist *Mazama* Rafinesque, 1817. Typusart ist *Mazama pita*, ein Ersatz für *Moschus americanus* Erxleben, 1777.

Im 19. Jh. wurden die Spießhirsche noch unter einer Reihe anderer Gattungsnamen beschrieben, die zum Teil, wie *Coassus*, wesentlich weiter verbreitet waren als *Mazama:*

Subulo Hamilton-Smith, 1827	*Homelaphus* Gray, 1872
Passalites Gloger, 1841	*Nanelaphus* Fitzinger, 1874
Subula Lesson, 1842	*Doryceros* Fitzinger, 1874
Coassus Gray, 1843	*Azarina* Larrañaga, 1925.

Der Name *Mazama* bezieht sich auf die 1651 von Hernandez erwähnte altmexikanische Bezeichnung Temamaçame für den Roten Spießhirsch. Leider wurde er in der Vergangenheit als Gattungsname für alle anderen südamerikanischen Hirsche mit Ausnahme des Pudu, ja sogar für die Schneeziege *(Oreamnos americanus)* verwendet, was leicht zu Verwechselungen führen kann.

Bei dem weiten Verbreitungsgebiet der Gattung gibt es auch in den verschiedenen Sprachen unterschiedliche Namen. In der deutschsprachigen Literatur wird neben Spießhirsch und Mazama Reh, Spießreh, Zwergreh oder Zwerghirsch verwendet, in der englischen Brocket, in der französischen daguet, in der spanisch-amerikanischen corzuela (die Verkleinerungsform von corzo = Reh), in der brasilianischen veados singelos und in der niederländisch-surinamischen Boshert.

4.1.2. *Merkmale*

Von den Vertretern der übrigen Neuwelthirsche (mit Ausnahme der Pudus) unterscheidet sich die Gattung *Mazama* durch eine geringere Körpergröße und dadurch, daß das Geweih der Männchen das Spießerstadium gewöhnlich nicht überschreitet. Nur in sehr seltenen Fällen kommen auch unregelmäßige oder regelmäßige Gabler- oder Sechsergeweihe vor. Die Spieße sind kurz, gewöhnlich nicht über 12 cm lang, meist mehr oder weniger gerieft und variieren auch innerhalb der Arten stark.

Der Kopf ist relativ kurz. Voraugendrüsen sind mehr oder weniger gut ausgebildet. Der Nasenspiegel ist nackt und fein gefeldert. Die Ohren sind mäßig groß und gerundet. An der Stirn sind die Haare zu einem Schopf verlängert. Der

Schwanz ist klein, aber äußerlich deutlich erkennbar und auf der Unterseite weiß. Er besteht aus 10 Schwanzwirbeln. Der Körper ist gedrungen, hinten etwas überbaut, der Rücken gerundet.

Die Zahnformel entspricht der der anderen Neuwelthirsche:

$$\frac{0\ (1)\ 3\ 3}{3\ \ 1\ \ 3\ 3}.$$

Die meisten erwachsenen Spießhirsche haben keine oberen Eckzähne, doch können kleine obere Eckzähne sowohl im Milchgebiß als auch – wenn auch seltener – im bleibenden Gebiß ein- oder beidseitig vorhanden sein. Krieg (1948) fand sogar bei 20 % der von ihm untersuchten *Mazama*-Schädel obere Eckzähne.

Lange Zeit war der Geweihwechsel der Spießhirsche sehr umstritten. Es wurde sogar eine eigene Gattung *Doryceros* (Pfriemenhirsche) aufgestellt, die das Geweih nicht wechseln sollte. Nach heutiger Erkenntnis wechseln die Spießhirsche über das ganze Jahr verteilt, aber individuell regelmäßig, ihr Geweih. Es sind aber Einzelexemplare bekannt, die ihr Geweih nachweislich über mehrere Jahre behielten. Die Stangen waren dann glatt und abgeschliffen und relativ kurz.

Dobroruka (1975) untersuchte den Haarwechsel von *Mazama gouazoubira* und *Mazama nana* im Zoologischen Garten Prag. Es wurde nur ein Haarwechsel im Frühjahr festgestellt. Er begann Ende März oder im April und endete im Mai oder Anfang Juni. Im Herbst wurde das Sommerhaar nicht abgestoßen. Von August bis September/Anfang Oktober wurde dazwischen das dichtere Winterhaar ausgebildet.

4.1.3. *Verbreitung und Lebensraum*

Spießhirsche bewohnen fast das gesamte tropische und subtropische Gebiet der neotropischen Region vom mittleren Mexiko bis ins nördliche Argentinien, von Seehöhe bis zur Baumgrenze. Auf den Karibischen Inseln gab es mit Ausnahme von Trinidad ursprünglich keine Spießhirsche.

Lebensraum der Spießhirsche sind die unterschiedlichsten Wald- und Buschtypen vom feuchtheißen Regenwald über Trockengehölze in den Campos und Sekundärbüsche in den Landwirtschaftsgebieten bis zu den feuchtkalten Nebelwäldern des Hochgebirges.

4.1.4. *Fortpflanzung*

Spießhirsche leben einzeln oder paarweise, nie in Rudeln. Die Fortpflanzung ist an keine bestimmte Jahreszeit gebunden, doch kann es zu bestimmten Zeiten – besonders in Gebieten mit deutlichen jahreszeitlichen Temperatur- oder Niederschlagsschwankungen – zu Häufungen von Geburten kommen. Die Tragzeit beträgt etwa 7 Monate. Es wird gewöhnlich ein geflecktes Jungtier geboren. In der Literatur konnte ich nur bei Branan u. Marchinton (1985) einen konkreten Bericht über Zwillinge finden. Bei den von ihnen untersuchten Großmazamas aus Surinam hatte von 17 tragenden Weibchen lediglich eines 2 Föten.

Die Geschlechtsreife wird mit einem halben bis anderthalb Jahren erreicht. Die Lebenserwartung beträgt etwa 10 bis 15 Jahre.

4.1.5. *Die Arten*

Aus den verschiedenen Teilen Lateinamerikas wurde eine Vielzahl von Spießhirschformen beschrieben, die heute zum größten Teil als Unterarten der beiden am weitesten verbreiteten Arten, des Roten Spießhirsches oder Großmazamas (*Mazama americana*) und des Grauen Spießhirsches oder Graumazamas (*Mazama gouazoubira*) aufgefaßt werden. Bei den kleinen Spießhirschen der Anden und Südbrasiliens gibt es unterschiedliche Auffassungen über die Einteilung in Arten oder Unterarten. Roter und Grauer Spießhirsch sind an Hand der Schädel allein nicht zu unterscheiden. Wichtige Kriterien sind auch die Fellfärbung, die Hautstärke und ein Haarwirbel im Nacken des Roten Spießhirsches.

Ein männlicher Bastard zwischen einem Männchen von *Mazama gouazoubira* und einem Weibchen von *Mazama americana* wurde im Zoo von Barranquilla (Kolumbien) erzielt (Tinoco brieflich 1978). Er lebte vier Jahre, war aber nicht fertil. J. E. Gray berichtete 1850, daß in Lord Derby's Menagerie ein Bastard zwischen einem Männchen von *Mazama americana* und einem Weibchen von *Pudu pudu* geboren wurde, der aber weniger als eine Woche lebte. Über weitere Spießhirschkreuzungen ist mir nichts bekannt. Bei der von A. Gray (1954) angeführten Kreuzung zwischen einem mit Fragezeichen versehenen *Mazama yucatanensis* und *Odocoileus virginianus* handelt es sich sicher um eine Verwechslung mit *Odocoileus virginianus yucatanensis* (einen Spießhirsch mit dem Namen *yucatanensis* gibt es nicht). In der 2. überarbeiteten Auflage (1972) wird der fragliche Bastard nicht mehr erwähnt.

Smith et al. (1986) führten biochemisch-genetische Untersuchungen an *Mazama americana americana* und *Mazama gouazoubira nemorivaga* sowie Weißwedelhirschen (*Odocoileus virginianus*) aus den USA und Surinam durch. Sie fanden größere Ähnlichkeiten zwischen Roten Spießhirschen und Weißwedelhirschen aus Surinam als zwischen Weißwedelhirschen aus Surinam und Weißwedelhirschen aus dem Südosten der USA bzw. zwischen Roten und Grauen Spießhirschen aus Surinam.

4.1.6. *Chromosomenuntersuchungen*

Es wurden auch vereinzelt Chromosomenuntersuchungen an Mazamas durchgeführt. Wichtig ist dabei neben der absoluten Chromosomenzahl 2 n auch der sogenannte NF-Wert, der die Anzahl der großen Chromosomenenden kennzeichnet. Während die absolute Chromosomenzahl durch Translokation mitunter schwankt, bleibt der NF-Wert meist konstant.

Aus einer Übersicht von Chromosomenzahlen der Hirsche, die Neitzel 1979 gab, sind folgende Werte für Spießhirsche und Pudus entnommen:

Art	2n	NF
Mazama americana	50	74
Mazama gouzoubira	70	70
Pudu pudu	70	74
Pudu mephistophiles	69	74

Benirschke (1977) untersuchte drei Exemplare von *Mazama americana temama* im Zoo San Diego (Kalifornien) und fand bei zweien 50, beim dritten 49 Chromosomen. Ein kleines akrozentrisches Chromosom fehlte. Die Untersuchungen eines Einzelexemplares unbekannter Herkunft im Zoo von Philadelphia ergab einen Chromosomensatz von $2n=68$. Über die Ursache dieses großen Unterschiedes kann man nur spekulieren, solange keine weiteren Untersuchungen von Tieren bekannter aber unterschiedlicher Herkunft vorliegen. Die Chromosomenzahl von $2n=68$ paßt durchaus in das Bild der Gattung (s. o.) und der übrigen Neuwelthirsche (*Odocoileus virginianus* $2n=70$, *Odocoileus hemionus* $2n=70$, *Odocoileus dichotomus* $2n=66$, *Odocoileus bezoarticus* $2n=68$). Der NF-Wert von 74 für *Mazama americana temama* deutet darauf hin, daß die Anzahl der Chromosomen durch Robertsonsche Translokation vermindert wurde. Der von Neitzel untersuchte männliche Nordpudu mit 69 Chromosomen war fertil.

4.2. Der Rote Spießhirsch
Mazama americana

4.2.1. *Synonyme*

Gültiger wissenschaftlicher Name für den Roten Spießhirsch ist *Mazama americana* (Erxleben, 1777). Synonyme sind:

Moschus americanus Erxleben, 1777
Cervus delicatulus Shaw, 1792
Cervus temama Kerr, 1792
Cervus rufus Illiger, 1815
Mazama pita Rafinesque, 1817
Mazama tema Rafinesque, 1817
Cervus rufus Cuvier, 1817
Subulo rufus, Jardine, 1835
Coassus rufus Gray, 1843
Cervus dolichurus Wagner, 1844
Coassus auritus Gray, 1850
Cervus auritus Wagner, 1855
Cervus Sartorii Saussure, 1860
Homelaphus inornatus Gray, 1872
Coassus inornatus Gray, 1872
Cariacus rufus Brooke, 1878
Mazama rufa Lydekker, 1898
Mazama zetta Lydekker, 1898
Mazama tschudii Allen, 1912
Mazama americana Thomas, 1913
Mazama fuscata Allen, 1915.

In der älteren Literatur sind die Artnamen *rufus*, *tema*, *temama* und *Sartorii* besonders verbreitet.

In seinem großen Verbreitungsbebiet hat der Rote Spießhirsch eine Vielzahl von Trivialnamen. Die spanisch sprechenden Südamerikaner nennen ihn Cierbo rojo bzw. roxo (Roter Hirsch), oder corzuela roja (Rotes Rehlein), corzuela colorada, venado pardo, corzuela colorada mayor, venado, poca, parto (in Nordargentinien), die Brasilianer veado matteiro (Waldhirsch), matteiro, veado pardo (dunkler Hirsch), oder veado roxo, die Franzosen cariacou de la Guayane, petit biche de Surinam, biche de bois oder biche rouge, die Engländer red brocket und die Niederländer Groot Boshert, Gewoon Boshert oder Plantage Hert. Im Deutschen ist auch die Bezeichnung Großmazama üblich und in älteren Berichten Rotbraunes Spießreh, Brauner Spießhirsch, Pitahirsch, Großes Reh oder einfach Reh.

In vielen Gegenden sind auch indianische Namen für den Roten Spießhirsch verbreitet: so in Argentinien, Paraguay und großen Teilen Brasiliens das Guaraní-Wort Guazu-pita oder pita, das durch die Arbeiten vieler Zoologen auch in die europäische Fachliteratur Eingang gefunden hat.

Aus Brasilien sind außerdem noch Cuguacú-été, Suacu-pita, Guacú-été, Guata-pará und Guasu-pará bekannt, aus Venezuela locho, locha, venado matacán oder matacán rojizo und aus Surinam Prasara-dia, Pranasi-dia und Redi-dia (Roter Hirsch). Bancroft nennt schon 1769 von Guayana den Namen Wirrebocerra. Aus Guatemala kennt man Güisitzil und Temazate und aus Mexiko Huicicil, Temana und das Mayawort Yuc, das später auch auf die eingeführte Hausziege übertragen wurde. Hierher gehören auch die von Hernandez 1651 gebrauchten Bezeichnungen Macatl chichitic und Temamaçame.

4.2.2. *Merkmale*

Wie der Name Roter Spießhirsch bereits andeutet, ist *Mazama americana* mehr oder weniger rotbraun gefärbt. Zur Veranschaulichung soll hier aus der Beschreibung der paraguayischen Form durch Rengger (1830) zitiert werden: „Er ist mit rauh anzufühlenden, steifen und glänzenden Haaren bedeckt, welche am ganzen Körper in etwas länger sind als bei unserem Rehe. Die Farbe dieser Haare ist im allgemeinen licht bräunlichroth, die Lippen sind weiß, der Rücken der Nase und die Stirn graulichbraun, mit etwas roth gemischt, die Ohren innen weiß, außen graulichbraun; die Kehle ist weiß, die untere Seite des Halses bräunlichroth, mit einer Mischung von grau; die obere Hälfte der Extremitäten ist auf ihrer inneren Seite weiß, ebenso der Bauch von den Zitzen bis zum After, und der Schwanz unten und zur Seite; die Extremitäten endlich vom oberen Ende des carpus und des tarsus an abwärts sind röthlichbraun".

„Im Winter ist der Guazu-pyta an den oberen und äußeren Theilen des Körpers in etwas dunkler gefärbt als in den anderen Jahreszeiten. Ferner findet man Individuen, bei denen die Lippen nicht weiß sind, andere, wo der Kopf, mit Ausnahme der Kehle, so wie der ganze Hals bräunlichroth, mit einer Mischung von grau, erscheinen, und noch andere, bei denen die innere Seite der Extremitäten oben nicht weiß, sondern gelblichweiß ist; endlich kommen zuweilen bei dieser Hirschgattung auch Albinos vor, welche durchgehends mit gelblichweißen Haaren bedeckt sind".

Im tropischen Tiefland haben die Spießhirsche ein Fell von „permanentem Sommertyp". Dagegen zeigt die von Hershkovitz 1959 beschriebene Unterart *Mazama americana carrikeri* aus der gemäßigten Zone zwischen Waldgrenze und tropischer Zone in 3500–4000 m Höhe der Sierra Nevada de Santa Marta in Kolumbien ein dickes, grobes, ockerfarbenes Fell von „permanentem Wintertyp".

Als wichtiges Unterscheidungsmerkmal zum Grauen Spießhirsch wird häufig ein Haarwirbel zwischen Hinterhaupt und Widerrist angegeben. Krieg (1948) fand das an Hunderten von Fellen bestätigt. Dagegen wurden auch Tiere ohne Nackenwirbel beschrieben: so 1913 von Thomas (2 Exemplare aus Südamerika, 1 Exemplar aus Guatemala) und 1918 von Lönnberg (alle Exemplare der von ihm beschriebenen Unterart *toba* aus dem Gran Chaco). Auch zwei Felle aus

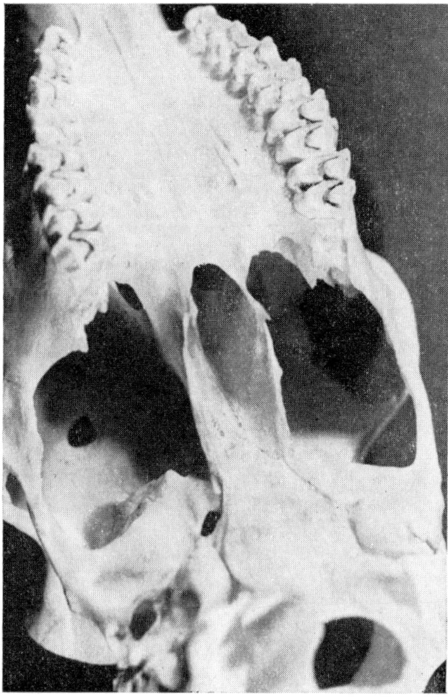

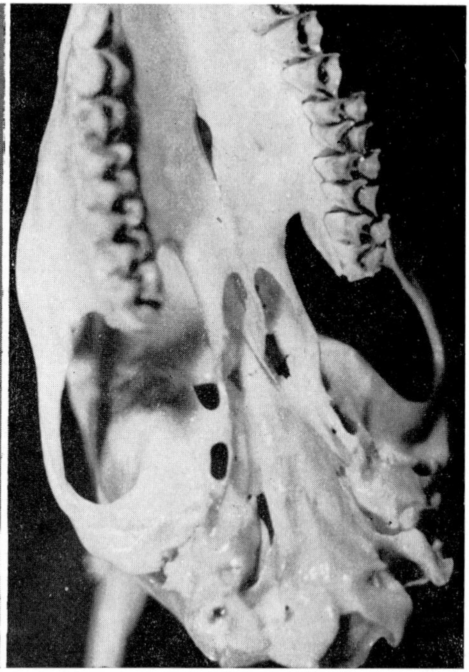

Abb. 3. Schädel eines Altwelthirsches (*Cervus dama*), der hintere Teil der Nasenhöhle ist nicht geteilt. Aufn. H. Trefz

Abb. 4. Schädel eines Neuwelthirsches (*Pudu pudu*), der hintere Teil der Nasenhöhle ist durch den Vomer vollständig getrennt. Aufn. H. Trefz

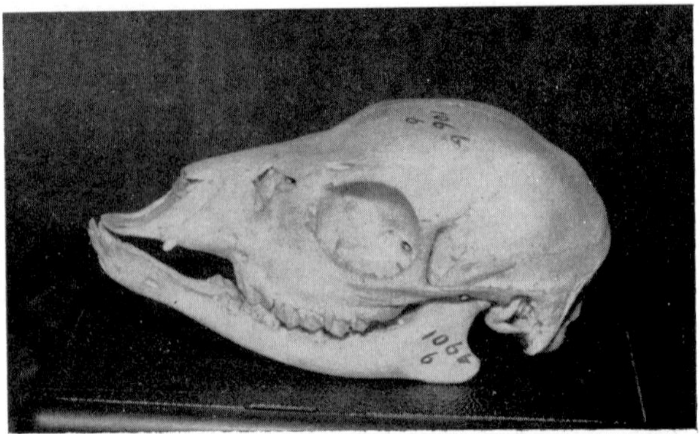

Abb. 5. Schädel eines jungen Spießhirsches mit oberem Eckzahn. Aufn. S. Czernay im Museum für Naturkunde Dresden

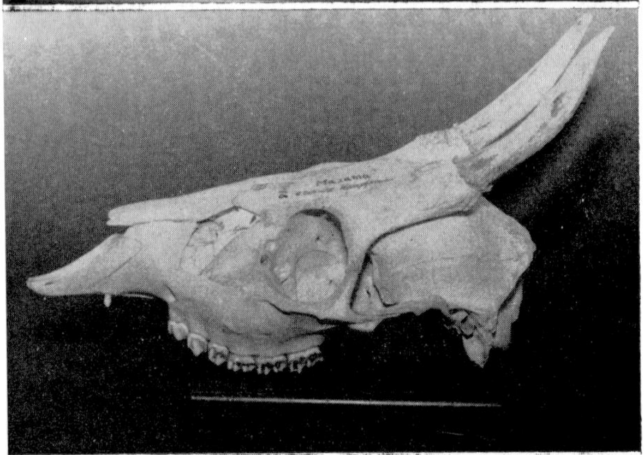

Abb. 6. Schädel eines adulten männlichen Spießhirsches mit oberem Eckzahn. Aufn. S. Czernay im Museum für Tierkunde Dresden

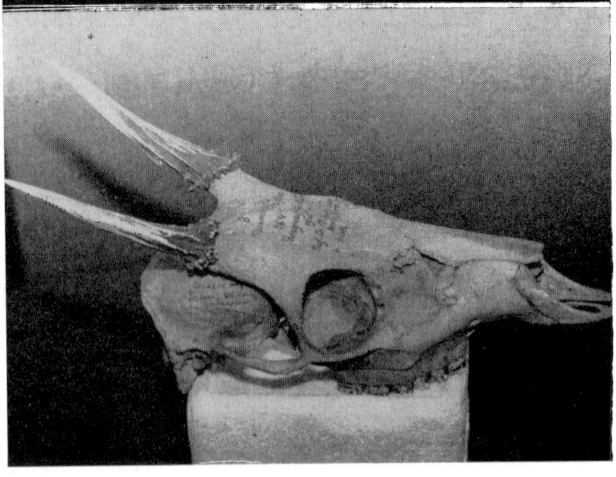

Abb. 7. Schädel eines Roten Spießhirsches (*M. americana rufa*) aus Paraguay. Aufn. S. Czernay im Museum für Tierkunde Dresden

Abb. 8. Rote Spießhirsche im Zoologischen Garten Berlin. Aufn. Zellmann

Abb. 9. Roter Spießhirsch im Zoo Lima. Aufn. H. Jungius

Abb. 10. Roter Spießhirsch mit Jungtierfleckung im Zoo Lima. Aufn. H. Jungius

Abb. 11. Lebensraum des Roten und des Grauen Spießhirsches im Manu Nationalpark Peru. Aufn. H. Jungius

Abb. 12. Grauer Spießhirsch im Zoologischen Garten Berlin. Aufn. H. Frädrich

Abb. 13. Grauer Spießhirsch im Zoo Asuncion, Paraguay. Aufn. H. Jungius

Abb. 14. Grauer Spießhirsch mit Kitz im Zoologischen Garten Berlin. Aufn. J. Frädrich

Abb. 15 a u. b. Grauer Spießhirsch im Zoo São Paulo

Abb. 16. Bastard zwischen *M. americana* und *M. gouazoubira* im Zoo Barranquilla, Kolumbien. Aufn. R. A. Tinoco

Abb. 17. Schädel von *M. nana*. Aufn. L. Dobroruka

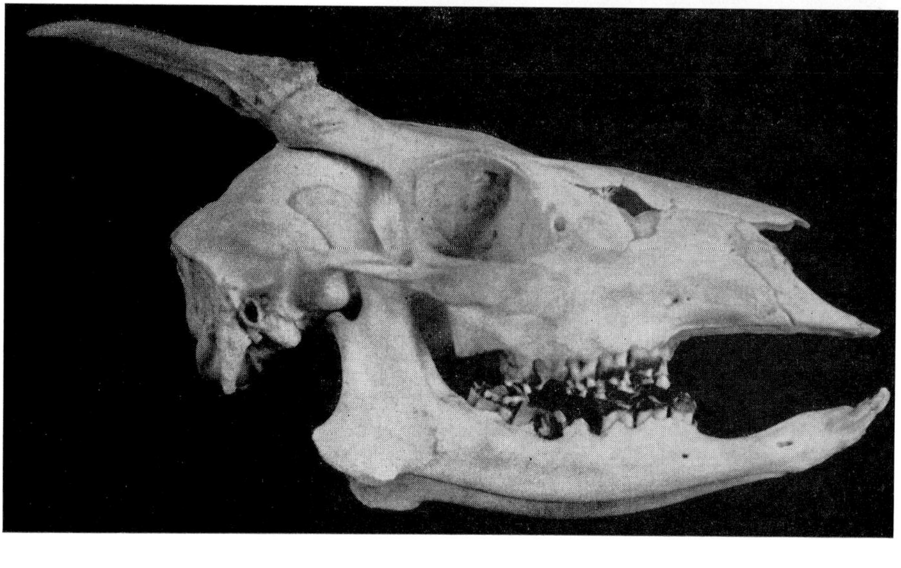

Abb. 18. *M. nana* im Zoo Prag. Aufn. L. Dobroruka

Abb. 19. *M. nana* im Zoo Prag – beachte die charakteristische Überhöhung! Aufn. L. Dobroruka

Abb. 20. *M. nana* im Zoo Prag. Aufn. Z. Šiša

Abb. 21. *M. rufina* auf Fangstation in Ecuador. Aufn. H. Frädrich

Abb. 22. *M. rufina* im Zoologischen Garten Berlin. Aufn. H. Frädrich

Abb. 23. Páramos im Manu Nationalpark, Peru; Lebensraum von *M. chunyi*. Aufn. H. Jungius

Abb. 24. Lebensraum von *M. rufina* in Ecuador. Aufn. H. Frädrich

Abb. 25. Osthang der Anden in Bolivien; Lebensraum von *M. chunyi* und *M. americana*. Aufn. H. Jungius

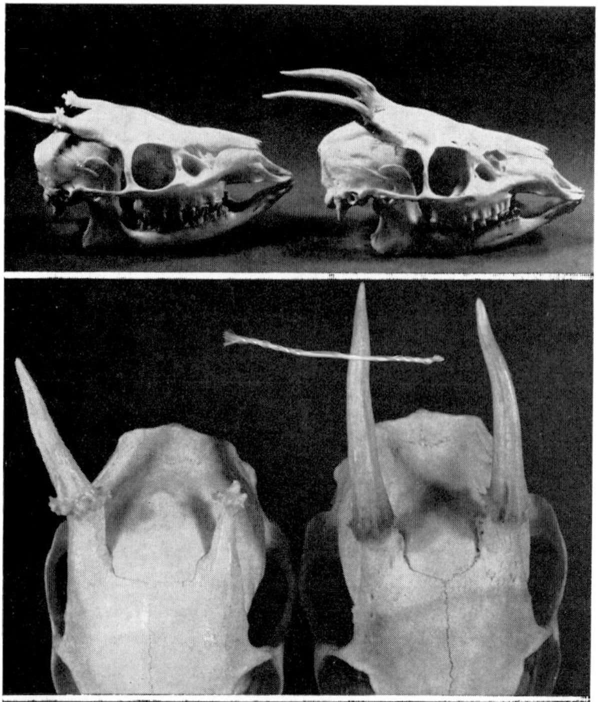

Abb. 26a u. b. Schädel von Südpudus. Aufn. H. Trefz im Zoo Erfurt.

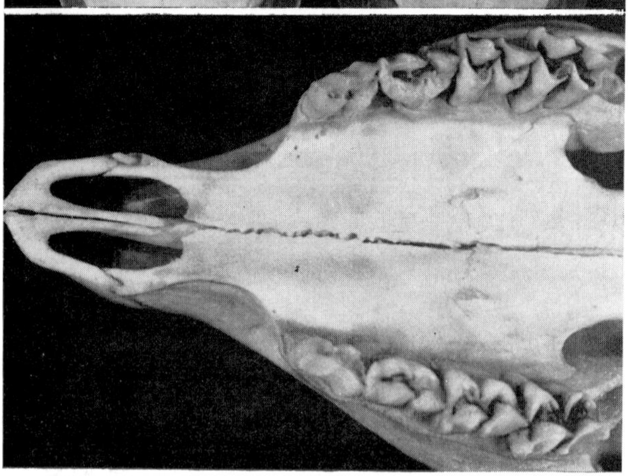

Abb. 27. Oberkiefer eines jungen Weibchens von *Pudu pudu* aus dem Zoo Erfurt mit einem kleinen Eckzahn. Aufn. H. Trefz

Abb. 28. Südpudus im Zoo Erfurt; Bock treibt Weibchen. Aufn. H. Trefz

Abb. 29. Pudukitz am Tag der Geburt im Zoo Erfurt. Aufn. S. Czernay

Abb. 30. Puduweibchen mit Kitz am Tag der Geburt. Aufn. S. Czernay im Zoo Erfurt

Abb. 31. Jungpudu saugt in Antiparallelstellung. Aufn. H. Trefz im Zoo Erfurt

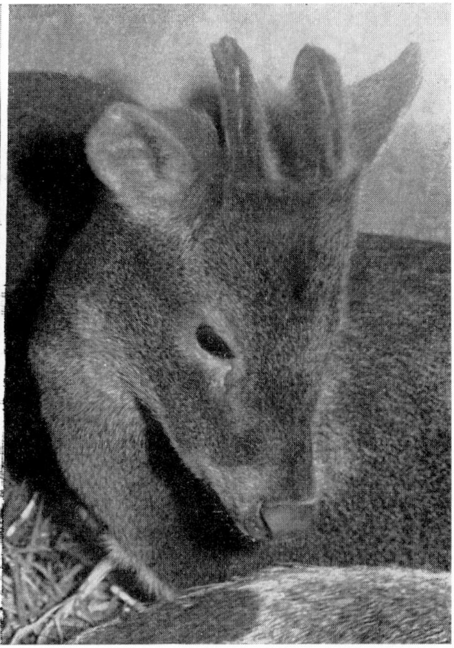

Abb. 32. Jungpudu beginnt, sein Erstlingsgeweih zu fegen. Aufn. S. Czernay im Zoo Erfurt

Abb. 33. Pudumännchen im Bast. Aufn. S. Czernay im Zoo Erfurt

Abb. 34. Adulter Südpudu mit gefegten Spießen. Aufn. S. Czernay im Zoo Erfurt

Abb. 35. Nordpudu im Zoologischen Garten Berlin. Aufn. F. Kleinschmidt

Abb. 36. Nordpudus (Bock im Bast) im Zoologischen Garten Berlin. Aufn. J. Frädrich

Venezuela im Staatlichen Museum für Tierkunde in Dresden weisen keinen Nackenwirbel auf.

Der Großmazama ist die größte aller Spießhirscharten. Er erreicht je nach Unterart 105–155 cm Gesamtlänge, wovon 10–15 cm auf den Schwanz entfallen, und Schulterhöhen zwischen 45 und 80 cm (allerdings stößt die Ermittlung der Schulterhöhe wegen der Buschschlüpfergestalt mit meist mehr oder weniger stark gewinkelten Beinen auf Schwierigkeiten). Der plumpe lange Rumpf ruht auf relativ kurzen zierlichen Läufen. Besonders große Exemplare stammen aus Paraguay, Argentinien und dem nördlichen Südamerika. Besonders klein ist die Unterart *temama* aus Mexiko. Die Größenverhältnisse bei den Spießhirschen richten sich nicht nach der Bergmannschen Regel, die besagt, daß bei verwandten Formen die Größe vom Äquator in Richtung Pol bzw. mit der Höhenlage zunimmt.

Die Länge der Spieße liegt zwischen 6 und 13 cm. Es wurden vereinzelt 17 cm gemessen. Da sie manchmal über mehrere Jahre nicht gewechselt werden, findet man mitunter auch bei voll erwachsenen Exemplaren nur kleine, stark abgeschliffene Spieße. Selten kommt eine ein- oder beidseitige Gabelung vor. Auch Vierstangengeweihe wurden bereits beobachtet.

Mit durchschnittlich 20–30 kg entspricht die Körpermasse des Großmazamas etwa der unseres Rehwildes. Kranz (1982 brieflich) gibt für 2 erwachsene Böcke aus dem Zoo Washington 17 bzw. 17,5 kg an. Gardner (1971) berichtet von einem 35 kg schweren Weibchen aus Peru. In Surinam erreichen die Böcke 55 kg, was im Bereich der dort lebenden Unterart des Weißwedelhirsches liegt. Bei einem Exemplar wurden sogar 65 kg ermittelt (Branan u. Marchinton 1985, Smith et al. 1986).

4.2.3. *Verbreitung und Lebensraum*

Der Rote Spießhirsch kommt in allen Staaten Mittel- und Südamerikas mit Ausnahme von Uruguay und Chile vor. Neuerdings wird von einigen nordamerikanischen Autoren auch der Yucatan-Spießhirsch als Unterart von *Mazama americana* aufgeführt. Bis zum Vorliegen einer überzeugenden Begründung soll die Unterart hier – wie bisher üblich – bei *Mazama gouazoubira* aufgeführt werden. Für die südamerikanischen Unterarten wird die Einteilung nach Cabrera (1957–1961), für die mittelamerikanischen nach Haltenorth (1963) vorgenommen.

Lebensraum des Roten Spießhirsches sind die unterschiedlichsten Wälder. Wichtigste Bedingung ist die Nähe von offenem Wasser. In Mexiko lebt er sowohl im immerfeuchten Nebelwald der pazifischen Küstenregion bis in Höhen von 2000 m, wo es fast täglich regnet und die Tagestemperaturen 18 °C nicht übersteigen, als auch auf Yucatan mit 6 Monaten Trockenzeit und Temperaturen über 35 °C. In seinem Lebensraum im Bergregenwald in der Sierra de Chama (Guatemala) zwischen 1300 und 1800 m Höhe herrschen Mittagstemperaturen von 16,0–26,5 °C (September) bzw. 17,0–21,5 °C (Januar) und Nachttemperaturen von 8,5–17,0 °C (September) bzw. 10,5–15,0 °C (Januar). Die Luft-

Abb. 37. Verbreitung des Roten Spießhirsches *Mazama americana*.
1 *M. a. temama* (Kerr, 1792): Mexiko, Nordguatemala, Belize;
2 *M. a. cerasina* Hollister 1914: Guatemala bis Kostarika;
3 *M. a. reperticia* Goldman, 1913: Panama;
4 *M. a. zetta* Thomas, 1913: Kolumbien;
5 *M. a. sheila* Thomas, 1913; Nordwestvenezuela;
6 *M. a. americana* (Erxleben, 1777): Süd- und Ostvenezuela, Guayana, Nord- und Mittelbrasilien;
7 *M. a. trinitatis* J. A. Allen, 1915; Insel Trinidad;
8 *M. a. jucunda* Thomas, 1913: Südostbrasilien;
9 *M. a. rosii* Lönnberg, 1919: Nordargentinien;
10 *M. a. sarae* Thomas, 1925: Südbolivien, Westchaco;
11 *M. a. zamora* (J. A. Allen, 1915): Südostkolumbien, Ecuador, Peru;
12 *M. a. whitelyi* (Gray, 1873): Südperu;
13 *M. a. gualea* J. A. Allen, 1915: Ecuador;
14 *M. a. rufa* (Illiger, 1811): Südostbrasilien, Paraguay, Nordargentinien;
15 *M. a. carrikeri* Hershkovitz, 1959: Nordkolumbien (Sierra Nevada de Santa Marta)

feuchtigkeit schwankt tagsüber zwischen 64 und 95 %, nachts zwischen 80 und 100 %. Auf 1 km² leben dort etwa 20 Spießhirsche.

In Surinam lebt der Großmazama in der Küstenregion im Kulturland und in aufgelassenen Pflanzungen, im Inneren in offenen Wäldern. Die jahreszeitlichen

Temperaturen schwanken dort weniger. Der Tag-Nacht-Wechsel übertrifft die jahreszeitlichen Extreme. Es gibt zwei Regen- und zwei Trockenzeiten. Die Niederschläge schwanken zwischen 86 und 321 mm je Monat.

Im Süden Brasiliens lebt der Rote Spießhirsch im schattigen dichten Feuchtwald in Wassernähe. Auch Sekundärwälder auf ehemaligen Rodungsgebieten sowie Restgehölze in landwirtschaftlich genutzten Gebieten werden besiedelt. In Argentinien bewohnt er die subandinen Bergwälder bis in 3000 m Höhe in den Provinzen Jujuy, Salta, Tucumán und Catamarca sowie die Wälder und feuchten Gehölze in den Provinzen Misiones, Corrientes und Chaco, wo im Winter durchaus Temperaturen um den Gefrierpunkt auftreten.

4.2.4. *Lebensweise*

In den meisten Gebieten ist *Mazama americana* dämmerungs- und nachtaktiv und ruht tagsüber im dichten Unterholz. Doch scheint er – ähnlich wie unser Reh – sehr anpassungsfähig an die örtlichen Bedingungen zu sein. So berichtet Wagner (1960), daß er in den halbdunklen Nebelwäldern der mexikanischen Pazifikküste, wo dichtes Unterholz weitgehend fehlt, tagsüber aktiv ist. Im Manu-Nationalpark (Peru) ist er sowohl tag- als auch nachtaktiv. Sicher ist er auch in anderen menschenfernen Gebieten – wenigstens teilweise – tagaktiv. In der Kulturlandschaft führt er ein sehr heimliches Leben.

Der Großmazama ist sehr standorttreu. Er benutzt in seinem Revier feste Wechsel , was ihm die Orientierung bei der Flucht wesentlich erleichtert. Auch durch Störungen läßt er sich kaum aus seinem Revier verdrängen. So berichtet Wagner (1960) aus dem mexikanischen Nebelwald: „Ein ♀ hatte etwa 20 m von unserem Zelt entfernt sein Heim. Es ließ sich nicht im geringsten durch uns stören und ging, wie die Spuren zeigten, während unserer Abwesenheit regelmäßig wenige Meter am Zelt vorbei. Sein Ruhelager war eine „Rundhütte“ zwischen mehreren von Rankenwerk dicht überwucherten Büschen mit zwei gegenüberliegenden niedrigen Einschlupflöchern.“

Der Rote Spießhirsch ist ein strenger Einzelgänger und bildet nie Rudel. Die Territorien werden gegen Artgenossen verteidigt.

Die Grenzen werden visuell durch Marken, die mit Hilfe des Geweihs oder der Zähne an Stämmen von Bäumen und Sträuchern angebracht werden, und olfaktorisch gekennzeichnet. Zur olfaktorischen Markierung dienen das Absetzen von Kot und Harn und das Reiben der Voraugendrüsen und der Stirn an Zweigen.

Männchen und Weibchen finden sich gewöhnlich nur zur Paarung zusammen. Es gibt aber auch Berichte, daß die Paare zusammenhalten und das Jungtier gemeinsam führen. Gefangenschaftsbeobachtungen schließen das zumindest nicht aus.

Bei Annährung von Feinden drückt sich der Rote Spießhirsch in die Deckung, ohne ein Zeichen von sich zu geben. So gehen der Feind bzw. der Mensch oft dicht an ihm vorüber, ohne ihn zu bemerken. Erst wenn die Gefahr direkt auf den Hirsch zukommt, springt dieser auf und flüchtet, mit voller Geschwindigkeit laut durch das Unterholz brechend, in Richtung auf das nächste Gewässer. Nur

Wagner (1960) berichtet von Mexiko, daß die Spießhirsche immer bergwärts fliehen. Im Gewässer werden die Spuren für den Verfolger verwischt. Der Rote Spießhirsch ist ein guter Schwimmer, der nicht selten Flüsse von 300 m Breite überquert. Er schwimmt tiefliegend nur mit dem Kopf außerhalb des Wassers so schnell, daß er von einem Kanu nicht eingeholt wird. Verfolgt wendet er sich zur nächsten Stromschnelle und geht dann zum Ausgangsufer zurück.

Wagner (1960) beobachtete bei der mexikanischen Unterart *temama*: „Wenn ich nahe genug herankam, so verdrückte es sich ohne Hast nach der entgegengesetzten Seite, blieb alle paar Meter stehen und äugte zurück. Überraschte ich ein Tier im relativ offenen Wald, so verharrte es am Fleck. Dieses Erstarren wird nur ausgelöst, wenn in der Nachbarschaft dichter Unterwuchs fehlt. Ist in Abständen bis zu ±15 m Dickung erreichbar, so verdrücken sie sich heimlich und bedächtig dorthin. So wirken Spießhirsche auf uns wenig scheu; ihre Fluchtdistanz ist gering. Nur wenn man sie verfolgt, flüchten sie hastig. Auf einem Hangpfad lief eine Mutter mit ihrem vorauseilenden Kitz mehrere Minuten 10–15 m vor mir her, blieb immer wieder stehen und sah sich um, ehe sie an einer geeigneten Stelle seitwärts abbog."

Der Prinz zu Wied (1826) berichtet, daß der Großmazama häufig zum Schutz gegen Stechfliegen bis an den Hals im Wasser stehe.

Bei Gefahr klopft der Spießhirsch mit den Vorderbeinen auf den Boden. Gleichzeitig gibt er auch ein Nasenschnauben von sich, das er auch während der Flucht fortsetzt. In der Nähe befindliche Artgenossen werden dadurch gewarnt. Enders (1930) berichtet von der Insel Barro Colorado im Panamakanal, daß ein bei der Jagd zufällig hochgebrachter Spießhirsch zuerst vier Sprünge machte, wobei er den Schwanz nach oben hielt, so daß die weiße Unterseite wie ein Signal leuchtete. Dann entfernte er sich in schnellem Trott und hielt den Schwanz unten, so daß kein Weiß mehr zu sehen war.

Der Wald wird von den Tieren gewöhnlich in der Abenddämmerung verlassen, und sie äsen auf Lichtungen, Feldern und Pflanzungen. Über die Futterpflanzen liegen nur wenige Angaben vor. Wagner (1960) berichtet aus Mexiko, daß die Triebe von Schlingpflanzen, Wasserpflanzen und die Früchte des Zapotebaumes (*Diospyros ebenaster*) bevorzugt, die Triebe von Sträuchern jedoch nur in der Not (z. B. bei Gefangenschaftshaltung) aufgenommen werden.

Auf freies Wasser sind die Tiere nicht angewiesen. Nach Leopold (1959) soll sich der mexikanische Spießhirsch hauptsächlich von herabgefallenen Früchten ernähren. Branan, Werkhoven und Marchinton (1985) untersuchten in Surinam den Inhalt von 57 Pansen des Roten Spießhirsches (Tab. 1). Es wurden 57 Pflanzenarten nachgewiesen. 21 von ihnen machten allerdings nur etwas über ein Prozent des Gesamtvolumens aus. Einen wichtigen Bestandteil bildeten Pilze (14 % insgesamt, 45 % bei den Proben vom Juli). Da sie in großen Stücken abgebissen werden, sind sie allerdings im Mageninhalt leichter zu identifizieren. Andere häufige Arten waren *Bombax spectabile*, ein Verwandter des Affenbrotbaumes (in 6 von 8 Monaten 14 % der Gesamtmasse) und *Symphonia globulifera* (in 5 von 8 Monaten 14 % der Gesamtmasse). Der Anteil von Samen, Blüten und Früchten betrug 56 %. Er variiert im Verlauf des Jahres. Die Hauptaufnahme von Laub und Stengeln erfolgt im August zu Beginn der großen Trockenzeit.

Tabelle 1. Im Pansen von *M. americana americana* in Surinam nachgewiesene Pflanzenarten (n = 57). Nach Branan, Werkhoven u. Marchinton (1985)

Familie	Art	Vol. % i. Pansen
Avicenniaceae	*Avicennia germinans*	1
Bombacaceae	*Bombax spectabile*	6
Caesalpiniaceae	*Cassia* spec.	1
	Eperua falcata	1
	Eperua spec.	1
	Macrolobium angustifolium	1
	Swartzia benthamiana	1
	Swartzia spec.	6
Clusiaceae	*Symphonia globulifera*	14
Euphorbiaceae	*Omphalea diandra*	2
Fabaceae	*Dioclea* spec.	1
Gramineae		1
Lecythidaceae	*Couratari gloriosa*	1
	Couratari spec.	1
Loganiaceae	*Strychnos guianensis*	1
Melastomaceae	*Bellucia grossularioides*	2
Meliaceae	*Carapa* spec.	2
Palmae	*Euterpe oleraceae*	1
Passifloraceae	*Passiflora* spec.	1
Rubiaceae	*Genipa americana*	2
Sapotaceae	*Pouteria robusta*	1
	Pouteria spec.	5
Solanaceae	*Solanum* spec.	1
Pilze		14
Einkeimblättrige		1
Zweikeimblättrige		7
nicht identifiziert		21

Auch in der Amazonasregion in Brasilien nutzt *Mazama americana* herabgefallene Früchte von *Spondias lutea* (Mombinpflaume), *Mauritia* spec. (Mauritiuspalme), *Iryanthera grandis*, *Anacardium giganteum* (ein Verwandter des Kaschubaumes), *Genipa americana* (ein Verwandter des Chinarindenbaumes), *Maximilliana* spec. (eine Palme), aber auch von exotischen Fruchtbäumen wie *Gmelina arborea*, *Bagassa guianensis*, *Ficus* spec., *Hymenaea* spec., *Enterolobium maximum* und *Pouteria pariry*. Pflanzen mit begehrten Blüten sind *Lecythis usitata* (Paradiesnuß), *Bertholletia excelsa* und *Holopyxidium jarana*. So treten die Spießhirsche in Nahrungskonkurrenz mit Pekaris und Tapiren. Die Früchtefresser der Wipfelregion, wie Affen, Wickelbären, Tukane und Papageien wirken sich für die Spießhirsche eher positiv aus, da sie für diese sonst nicht erreichbare Früchte zu Boden fallen lassen und somit das Nahrungsangebot erhöhen.

In der Morgen- und Abenddämmerung und nachts werden auch häufig Gärten und Pflanzungen aufgesucht, um an Kulturpflanzen zu fressen. Bevorzugt werden Schößlinge von Melonen, junger Mais, junger Kohl, Paprika, junge Kakaopflanzen, Maniokblätter und besonders Bohnen und andere Leguminosen.

Gern suchen die Spießhirsche auch die Lambederos, Coipas oder Barreros (portugiesisch Barreiros) genannten salzhaltigen Erdaufbrüche auf, wo sie Lehm fressen.

Der Rote Spießhirsch hat keine feste Zuchtsaison. Die Brunstkämpfe beschränken sich hauptsächlich auf gegenseitige Verfolgungsjagden, bei denen sich die Böcke allenfalls leicht berühren. Dabei kommt es kaum zu ernstlichen Verletzungen, die bleibende Spuren auf der Haut hinterlassen. In Gefangenschaft erwiesen sich die Männchen aber bei Anwesenheit von Weibchen als sehr aggressiv, dagegen waren sie ohne Weibchen – bei ausreichend Platz – untereinander verträglich. In Peru zeigen die Roten Spießhirsche eine besonders große Paarungsaktivität in den Monaten Juli, August und September. Da dabei die Aufmerksamkeit der sonst so scheuen Tiere stark nachläßt, werden sie in dieser Zeit von den Indianern besonders häufig gejagt.

Geburten können über das ganze Jahr verteilt erfolgen, wie das z. B. in Kolumbien der Fall ist. In vielen Gebieten gibt es – vermutlich in Anpassung an jahreszeitlich bedingte Wettereinflüsse und Änderungen im Nahrungsangebot – Monate mit einer Häufung von Geburten, während in der übrigen Zeit des Jahres nur wenige Geburten zu beobachten sind. So berichtet Wagner (1960), daß in Mexiko in den Trockengebieten die Kitze hauptsächlich während der Regenzeit im Juni/Juli und im Gegensatz dazu im Nebelwald in der relativ trockenen Zeit Ende Januar und sonst, je nach örtlichen Bedingungen, zu allen Jahreszeiten gesetzt werden. Auf Trinidad fallen die Wurftermine in die Zeit zwischen Februar und Juli. In Surinam ist die Hauptsetzzeit zwischen Oktober und März mit einer Spitze während der kleinen Regenzeit im Dezember/Januar (Branan und Marchinton 1985). In Peru werden das ganze Jahr über Jungtiere gefunden, die größte Zahl aber zwischen Februar und April. Am Südrand des Verbreitungsgebietes, in Paraguay und den angrenzenden Gebieten Argentiniens und Brasiliens, werden die Kitze gewöhnlich zwischen November und April geboren, aber auch Mitte Juli wurde schon ein hochtragendes Weibchen geschossen.

Als Tragzeit für den Großmazama werden 7,5 Monate angegeben. Thomas (1975) ermittelte im Zoo von Brownsville (Texas) 225 Tage. Gardner (1971) fand in einem Ende Juli in Peru geschossenen säugenden Weibchen einen etwa 3 Monate alten Embryo. Das bedeutet, daß die Mutter kurz nach der Geburt des Kitzes wieder erfolgreich gedeckt worden war.

Thomas (1975) gibt für die Geburtsmasse etwa 510–567 g an. Das erscheint aber im Vergleich mit Angaben über den Graumazama (s. u.) sehr niedrig. Branan und Marchinton ermittelten bei einem durch Kaiserschnitt erhaltenen Kitz in Surinam 2325 g.

Das Jungtier ist rotbraun gefärbt und trägt auf jeder Seite zwei bis drei Reihen weißer Flecken. Die Flecken sind nach zwei bis drei Monaten kaum noch sichtbar, nach sechs bis acht Monaten völlig verschwunden. Das Junge hat dann die Größe der Eltern erreicht und ist einfarbig.

Das Jungtier wird im Dickicht abgelegt. Die Fleckung löst dabei die Konturen des Tieres optisch auf und dient somit der besseren Tarnung. Die Mutter sucht es nur zum Säugen auf, wenn sie nicht beunruhigt wird. Thomas (1975) beobachtete im Zoo von Brownsville, daß die Weibchen – mit Ausnahme zahmer Tiere – ihr Junges gewöhnlich nur nachts säugten, d. h. wenn sie sich sicher fühlten. Nach drei bis fünf Tagen folgt das Junge der Mutter. Bei Gefahr flieht die Mutter, während sich das Junge versteckt.

Das Geweih wird im 2. Lebensjahr erstmals ausgebildet und hat mit etwa fünf Jahren seine volle Länge erreicht. Es wird gewöhnlich jährlich gewechselt. Allerdings sind die Abwurftermine individuell sehr unterschiedlich. Ein Bock in Porto Tibirica (Brasilien) warf regelmäßig im Mai oder Juli seine Stangen ab und hatte die neuen bis zum September gefegt. Ryan fand in Guatemala ein Männchen am 26. März im Bast. Branan und Marchinton (1985) erhielten in Surinam in allen Monaten Böcke im Bast, die meisten Tiere mit gefegten Stangen aber während der Hauptbrunst (Mai bis Juli).

Manchmal wird das Geweih länger als ein Jahr getragen. So berichtet Thomas (1975), daß die Böcke im Zoo Brownsville nur alle 18 bis 24 Monate die Spieße wechseln. Im Zoo von Washington warf ein Bock des Mexikanischen Spießhirsches (*M. a. temama*) sein Geweih am 10. (rechts) und 13. Januar 1976 ab und dann am 11. Mai 1978. Am 22. Mai 1978 hatten die neuen Stangen eine Länge von 1,3–2 cm. Ein anderer Bock warf am 26. Februar 1980 ab, am 26. März hatten die neuen Stangen eine Länge von 1,3 cm, und am 20. Juni 1980 wurden die Stangen gefegt (Kranz briefl.). In den Zoos von Tuxtla Gutierrez (Mexiko), Prag und Little Rock (USA) behielten einzelne Böcke ihre Spieße 3 Jahre. Stark abgeschliffene Spieße von Exemplaren aus der freien Wildbahn deuten darauf hin, daß auch in der Natur das Tragen des Geweihes über mehrere Jahre nicht selten ist. Das veranlaßte früher einige Zoologen zu der Annahme, daß das 2. Geweih nicht mehr gewechselt wird.

Der Großmazama wird mit 1 bis 2 Jahren geschlechtsreif. Das jüngste tragende Weibchen, das Branan und Marchinton (1985) bei ihren Untersuchungen in Surinam fanden, war im Alter von 13 oder 14 Monaten erfolgreich gedeckt worden. Bei den Böcken war ein rapides Wachstum der Hoden im Alter zwischen 8 und 12 Monaten feststellbar, mit 17 Monaten hatten sie ihre volle Größe und eine Masse von 22–26 g erreicht. Danach waren im Jahresverlauf – im Gegensatz zu der mit dem Geweihzyklus gekoppelten Hodenaktivität der europäischen Hirsche – keine wesentlichen Veränderungen an den Hoden zu finden. Auch in den Nebenhoden von Exemplaren im Bast lag die Anzahl der Spermien in der Größenordnung wie bei Tieren mit gefegtem Geweih. Das deutet darauf hin, daß der Rote Spießhirsch unabhängig vom Geweihzyklus das ganze Jahr über zeugungsfähig ist.

Beim Großmazama wurden unterschiedliche Parasiten festgestellt. Die von Branan und Marchinton in Surinam untersuchten Tiere hatten Zecken und Läuse aber nur wenige Endoparasiten. Bei Zootieren fanden sich im Blut Vertreter des Sporentierchens *Eimeria* aus der Gruppe der Kokzidien. In den Eingeweiden wurden verschiedene Fadenwürmer gefunden, wie *Ascaris lumbricoides*

(Spulwurm), *Strongylus* spec., *Trichocephalus* spec. (Peitschenwurm) und *Dictycaulus* spec. (Lungenwurm). Auch Bandwurmfinnen in Leber und Netz wurden bei der Sektion ermittelt.

Natürliche Feinde sind Puma, Jaguar und an den Gewässern Krokodile und Kaimane. Den Jungtieren werden auch Ozelot, Kleinkatzen, Füchse und die großen Marder gefährlich.

In den besiedelten Gebieten hat die Bejagung durch den Menschen eine wesentlich größere Bedeutung als die natürlichen Feinde. Es werden die unterschiedlichsten Jagdmethoden beschrieben. Weit verbreitet ist die Jagd mit Hunden. Ohne Hunde ist eine Jagd bei Tag aussichtslos, da die Tiere sich bei Annäherung drücken und nicht fliehen. Mit Hunden werden die Spießhirsche aber aus ihrem Lager aufgestöbert. Der Jäger erwartet sie auf den Wechseln oder am Wasser, wo er die fliehenden Tiere schießt oder im Wasser mit der Machete abfängt. In der Provinz Misiones in Nordargentinien werden sie mit speziellen „venaderos“ (Hirschhunden) bis zur Erschöpfung gehetzt. Überanstrengt durch die endlosen Verfolgungen in unwegsamem Gelände sterben diese Hunde oft sehr jung. In Surinam werden die Spießhirsche auch auf den durch den Wald führenden Straßen nachts vom Auto aus mit Lampen geblendet und geschossen. Diese Methode ist aber nur kurze Zeit nach dem Straßenneubau effektiv. Mit zunehmender Dichte des Unterholzes an den Straßenrändern und abnehmender Wilddichte wird diese Art zu jagen unwirtschaftlich. Sicherste Jagd ist das Ansitzen auf einem Hochsitz an den Äsungsstellen an Feldrändern und Pflanzungen. Auch an den Barreros (Salzlecken) ist ein Ansitz erfolgversprechend. In der Amazonasregion erwarten die Jäger den Roten Spießhirsch häufig an bevorzugten Fruchtbäumen (Ayres und Ayres 1979, Smith 1976). In Peru werden auch Gewehr- oder Pfeilfallen an den Wechseln aufgestellt (Behrendt 1959). Wagner (1960) berichtet aus Mexiko, daß die Indianer die Spießhirsche talwärts treiben und dann erschlagen. Früher wurden sie dort auch in auf den Wechseln gestellten Schlingen gefangen.

4.3. Der Graue Spießhirsch

Mazama gouazoubira

4.3.1. *Synonyme*

Gültiger wissenschaftlicher Name für den Grauen Spießhirsch ist *Mazama gouazoubira* (Fischer, 1814). Synonyme sind:

Cervus gouazoubira Fischer, 1814
Cervus simplicicornis Illiger, 1815
Cervus nemorivagus F. Cuvier, 1817
Mazama bira Rafinesque, 1817
Coassus superciliaris Gray, 1850
Cervus tschudii Wagner, 1855
Doryceros tschudii Fitzinger, 1873
Nanelaphus namby Fitzinger, 1873
Mazama nana Lydekker, 1898
Mazama rondoni Miranda Ribeiro, 1919
Mazama argentina Lönnberg, 1919
Azarina fusca Larrañaga, 1923.

Die Artnamen *simplicicornis* und *nemorivagus* haben in der älteren Literatur eine besonders weite Verbreitung erfahren.

Die spanisch sprechenden Südamerikaner nennen den Grauen Spießhirsch corzuela parda oder corzuela común, die Brasilianer veado – virá, veado – catingeiro oder virotè, die Franzosen petit cariacou oder daguet gris, die Engländer brown brocket, grey brocket oder wood brocket und die Niederländer in Surinam Bosgeit, Klein Boshert. Weitere deutsche Namen sind Graumazama, Mittleres Reh und Camposreh.

Auch vom Grauen Spießhirsch gibt es eine ganze Reihe lokaler Bezeichnungen, zum größten Teil indianischen Ursprungs. Am bekanntesten ist der Guaraní-Name Guazu-vira aus Brasilien, Paraguay und Argentinien. Aus Nordargentinien kennt man noch guazuncho, sacha-cabra (Chaco), bira oder biracho (Entre Rios und Corrientes), acaguedetá, corzuela pardusca, aus Brasilien suaçucatinga, suaçu-anhanga (Gespensterhirsch), nambi-bororoca, aus Venezuela cariaquito, matacán oder matacán gris, aus Surinam Koeriakoe und Boeskrabita und aus Peru Lliuchu.

4.3.2. *Merkmale*

Im Gegensatz zu den recht einheitlich gefärbten Roten Spießhirschen können die Grauen Spießhirsche sehr unterschiedlich gefärbt sein. Krieg (1948) schreibt dazu: „Eine recht auffallende Eigentümlichkeit des Guazú virá ist die Unterschiedlichkeit seiner Farbe. Zwar sind diese Tiere meist graubraun oder bräunlichgrau (virá ist Guaraní und heißt grau), aber zuweilen sieht man auch rote, dunkelbraune, fahlbraune Exemplare und Schwärzlinge. Man kann bei genügendem Material lückenlose Farbreihen zusammenstellen. ... Bei Varianten innerhalb der Rot- und Brauntöne habe ich allerdings weder beim Reh noch beim Guazú virá örtliche Häufungen beobachtet, sondern in derselben Gegend (also bei vermutlich enger Verwandtschaft dieser verhältnismäßig standorttreuen Tiere) große Farbverschiedenheit gefunden."

Rengger (1830) beschreibt die Normalfärbung des Grauen Spießhirsches von Paraguay folgendermaßen: „Seine Haare sind, mit Ausnahme der Farbe, wie bei unserem Reh beschaffen. Diese ist an den oberen und äusseren Theilen des Körpers im Allgemeinen bräunlichgrau, mit etwas gelblichroth gemischt, indem sich an jedem Haare ein Ring von der letztgenannten Farbe gleich unter der Spitze vorfindet; die Stirn ist graulichbraun, der Umfang der Augen röthlichgelb und die innere Seite des Ohres gelblichweiss; von dieser letzteren Farbe sind auch die Kehle, die Brust zwischen den Oberarmen, der Bauch bis zum After, die innere Seite der Extremitäten und die untere Seite des Schwanzes. Die obere Seite des Schwanzes und einige lange Haare am hinteren Rand der Schenkel haben gewöhnlich eine röthlichgelbe Farbe".

Der Unterschied zwischen Sommer- und Winterkleid ist gering. Die Männchen haben gewöhnlich einen deutlichen Stirnschopf. Im Gegensatz zum Roten hat der Graue Spießhirsch nie einen Haarwirbel im Nacken.

Der Graumazama ist im Durchschnitt etwas kleiner als der Rote. Er ist von allen *Mazama*-Arten am zierlichsten gebaut. Durch die langen dünnen Beine ist die Buschschlüpfergestalt weniger stark ausgebildet. Die großen, kaum behaarten Ohrmuscheln sind im Gegenlicht fast transparent, der Hals ist verhältnismäßig lang.

Die Schulterhöhe schwankt zwischen 35 und 65 cm. An der Kruppe ist die Höhe etwas größer (bis 80 cm). Die Gesamtlänge schwankt zwischen 95 und 140 cm, wovon etwa 8–12 cm auf den Schwanz entfallen. Wie beim Roten Spießhirsch ist die Geweihlänge der erwachsenen Männchen variabel. Es werden 4,5 bis 13,5 cm angegeben.

Eine besonders große Unterart ist *Mazama gouazoubira tschudii* aus den Gebirgslagen Perus (Gesamtlänge bis 140 cm), sehr klein sind *Mazama gouazoubira nemorivaga* aus den Guayanas und Nordbrasilien sowie *Mazama gouazoubira mexianae* von der Insel Mexiana im Amazonasdelta.

Die Angaben über die Körpermasse von erwachsenen Graumazamas schwanken zwischen 10 und 30 kg. Frädrich (1974) ermittelte bei einem adulten Bock im Zoologischen Garten Berlin 10 kg, bei einem adulten Weibchen 17 kg.

4.3.3. *Verbreitung und Lebensraum*

Der Graumazama kommt in allen Staaten Südamerikas mit Ausnahme von Chile sowie auf den Perlasinseln im Golf von Panama und auf der Halbinsel Yucatan (Mexiko) vor. Der Yucatan-Spießhirsch wird von einigen nordamerikanischen Autoren auch als Unterart zum Roten Spießhirsch gerechnet.

Im Gegensatz zum Roten meidet der Graue Spießhirsch die dichten Urwälder der Küsten und des Amazonasgebietes. Er ist mehr ein Bewohner offener Niederwaldungen (Catingas) und Kämpe (Cerrados) und weniger an das Vorhandensein offener Gewässer gebunden. Er findet sich überall, wo dichtes Buschwerk Einstände gibt: in lichten trockenen Waldungen, Savannengehölzen, dem feuchten Buritisal (Ansammlung von Fächerpalmen im Kamp), sumpfigen Gebüschen, Galeriewäldern und dem dichten Schilfgürtel entlang der Flüsse. Im Gebirge ist er bis in 5000 m Höhe zu finden.

Der Graumazama ist ein ausgesprochener Kulturfolger. Er lebt häufig in den Sekundärbüschen in Rodungszonen, führt dort aber ein sehr heimliches Leben.

4.3.4. *Lebensweise*

Wegen seines offenen Lebensraumes und seiner Aktivität auch am Tag ist der Graue Spießhirsch wesentlich häufiger zu sehen als sein größerer Vetter. Er ist standorttreu. Je nach den örtlichen Bedingungen scheint er sowohl tag- als auch nachtaktiv zu sein. Nach Tschudi (1844) „durchirrt er Tag und Nacht die niedrigen Gebüsche und den dichten Schilf längs der Flüsse der Vor-Cordilleras und die Hochebenen der Andes". Husson schreibt, daß er im Inneren Surinams tagaktiv sei. Dagegen verläßt er nach Krieg (1948) erst nachts das Dickicht. Cabrera und Yepes berichten, daß *Mazama gouazoubira* tagsüber fressend umherwandert (der Artname *nemorivagus* bedeutet „der im Wald Umherschweifende") und nur gegen Mittag in den Schlupfwinkel im Wald zurückkehrt. Er verläßt sich auf die sprichwörtliche Schnelligkeit seiner Beine, was der venezolanische Name matacán ausdrückt. Die Tembés-Indianer nennen ihn deshalb suaçu-anhanga (Geisterhirsch) und behaupten, daß kein anderes Tier ihn im Lauf einholen kann. Nach Hensel (1879) kehrt er auf der Flucht in weitem Bogen zum Ausgangspunkt zurück. Dabei hält er öfter an, um nach den Verfolgern zu sehen. Die Jagd auf ihn ist häufiger erfolglos als auf den Roten Spießhirsch.

Abb. 38. Verbreitung des Grauen Spießhirsches *Mazama gouazoubira*.
1 *M. g. pandora* Merriam, 1901: Nordyucatan (Mexiko);
2 *M. g. permira* Kellogg, 1946: Insel San José Golf von Panama;
3 *M. g. sanctaemartae* J. A. Allen, 1915: Nordkolumbien, Westvenezuela;
4 *M. g. cita* Osgood, 1912: Westvenezuela;
5 *M. g. nemorivaga* (F. Cuvier, 1817): Südostvenezuela, Guayana; Nordbrasilien;
6 *M. g. mexianae* (Hagmann, 1908): Insel Mexiana Amazonasdelta;
7 *M. g. superciliaris* (Gray, 1850): Zentral- und Ostbrasilien;
8 *M. g. gouazoubira* (G. Fischer, 1814): Südbrasilien, Paraguay, Nordargentinien, Uruguay;
9 *M. g. tschudii* (Wagner, 1855): Peru;
10 *M. g. murelia* J. A. Allen, 1915: Südostkolumbien, Ecuador

Wie ihre Verwandten sind auch die Graumazamas Einzelgänger, die sich nur zur Paarung zusammenfinden. An Salzlecken u. ä. kann auch eine größere Anzahl zusammentreffen. So berichtet Tschudi (1844) aus Peru: „Meistentheils zieht er einzeln, zuweilen jedoch rotten sich Rudel von 4–6 Stück zusammen, die sich aber sehr leicht trennen. Der stärkste Rudel, den wir gesehen haben, zählte 14 Stück; er kam fast alle Abende von den steilen Felsen, welche bei Chacapalpa den Fluss von La Oroya umgeben, herunter, um schwefelsaures Natron zu lecken, welches aus einer reichen Quelle niederschlägt und den Boden weit umher mit einer dichten Kruste bedeckt“.

Tabelle 2. Im Pansen von *M. gouazoubira nemorivaga* in Surinam nachgewiesene Pflanzenarten (n=5). Nach Branan, Werkhoven u. Marchinton 1985

Familie	Art	Vol. % i. Pansen
Annonaceae		2
Bombacaceae	*Bombax spectabile*	10
Caesalpiniaceae	*Macrolobium angustifolium*	2
	Swartzia benthamiana	25
	Swartzia spec.	8
Euphorbiaceae	*Conceveiba guianensis*	8
Melastomaceae	*Bellucia grossularioides*	20
Mimosaceae	*Inga* spec.	3
Palmae	*Euterpe oleraceae*	1
Sapindaceae	*Talisia* spec.	4
Solanaceae	*Solanum* spec.	1
Pilze		4
Zweikeimblättrige		6
nicht identifiziert		7

Der Graue Spießhirsch ernährt sich hauptsächlich von krautigen Pflanzen, die er auf den Lichtungen und in der Umgebung der Sümpfe findet. Branan, Werkhoven und Marchinton (1985) konnten bei ihren Untersuchungen in Surinam in 5 Pansen von *Mazama gouazoubira* 15 Pflanzenarten identifizieren. 13 von ihnen wurden auch bei *Mazama americana* gefunden (Tab. 2).

Stallings (1984) sammelte zwischen 1978 und 1981 im Nationalpark Defensores del Chaco (Paraguay) Daten über die Ernährung von *Mazama gouazoubira*. Durch Untersuchung von 23 Pansen sowie visuelle Beobachtung der Futteraufnahme wurden 36 Futterpflanzen identifiziert. Zwischen Februar und Oktober werden die trockenen harten Früchte von *Zyzyphus oblongifolia* und *Caesalpinia paraguarensis* reif. Sie wurden zwischen März und September in 73,3 bzw. 66,6 % aller Magen nachgewiesen, zwischen Oktober und Februar nicht. In einzelnen Magen fand man 50 Früchte von *Z. oblongifolia* bzw. 85 von *C. paraguarensis*. In der Regenzeit zwischen November und Februar reifen die weichen fleischigen Früchte an den Capparis-Sträuchern (*Capparis retusa* und *C. speciosa*). Sie wurden in dieser Zeit in allen Proben in großen Mengen gefunden. Dagegen waren die weichen fleischigen Früchte des Dornstrauches *Castela coccinea* nur im Oktober nachweisbar, aber dann in allen Magenproben in großen Mengen. Früchte von Kakteen und Bromelien wurden nur in geringer Anzahl in den Proben gefunden. Kakteenfrüchte sind das ganze Jahr über zugänglich, Bromelienfrüchte nur in der Trockenzeit. Neben Früchten frißt *Mazama gouazoubira* im Gran Chaco auch Wurzeln, Zweige, Blüten, Knospen, Rinde und Blätter von Bäumen und Sträuchern. In der Regenzeit stehen ihm weiche fleischige Früchte zur Verfügung, wogegen er in der Trockenzeit hauptsächlich harte und trockene Früchte nutzt.

Da es in der Trockenzeit im untersuchten Gebiet akuten Wassermangel gibt, muß der Graumazama seinen Wasserbedarf aus anderen Quellen, wie Kakteen- und Bromelienfrüchten, Blättern und Wurzeln von Sukkulenten decken. Krieg (1959) schreibt, daß im Campo cerrado von Paraguay die süßen stachelbeerähnlichen Früchte der Guavirá-mi, einer staudenartigen weißblühenden Myrte, sowohl beim Menschen als auch bei Spießhirschen und Pekaris sehr beliebt sind.

Wie der Rote Spießhirsch nutzt auch der Graue in bewohnten Gebieten die vom Menschen angebauten Kulturpflanzen. So berichtet Krieg (1948), daß er nachts zu Pflanzungen kommt, um an Yerba-, Apfelsinen-, Mais-, Maniok- und Batatenpflanzen zu fressen. Nach Husson (1978) richtet er in Surinam in den Gärten der Eingeborenen Schäden an Maniok- und jungen Kakaopflanzen an.

Die Fortpflanzung des Grauen Spießhirsches ist an keine bestimmte Jahreszeit gebunden. In der Provinz Formosa (Nordargentinien) soll die Mehrzahl der Tiere im Herbst in Brunst kommen. Azara (1802) berichtet von Paraguay über Paarungen im Januar. Über ernstliche Brunstkämpfe liegen keine Angaben vor. Die Tragzeit beträgt knapp 7 Monate. Frädrich (1974) ermittelte im Zoologischen Garten Berlin (Berlin-West) eine durchschnittliche Tragzeit von 206 Tagen, aber auch schon 203 Tage nach einer Totgeburt kam es zu einem neuen Wurf. Jungtiere wurden in Paraguay von Rengger im Dezember und April, von Krieg (1948) im Juli beobachtet. Im Zoologischen Garten Berlin brachten aus Brasilien oder Argentinien stammende Tiere über das ganze Jahr verteilt Kitze. Im Zoo Krefeld erfolgten Geburten bei aus Nordargentinien stammenden Tieren im Februar, Mai, Juli, August, September, Oktober und Dezember. Die Abstände zwischen je 2 Geburten betrugen bei einem Weibchen 213, 220, 234 bzw. 241 Tage (Vogt briefl.).

Alle Jungtiere wurden nachts geboren. Da viele Tiere in der Lage sind, eine bevorstehende Geburt über Stunden hinauszuzögern, wenn sie sich gestört fühlen, kann man daraus keine Rückschlüsse auf den Geburtszeitpunkt in freier Wildbahn ziehen.

Bei 2 Kitzen konnte Frädrich (1974) Geburtsmassen von 1,4 bzw. 1,2 kg feststellen.

Obwohl Asdell (1964) behauptet, daß *Mazama gouazoubira* gewöhnlich Zwillinge hat, und Whitehead (1972) schreibt, daß Zwillinge häufiger als bei *Mazama americana* sind, liegt weder aus der Gefangenschaft noch aus der freien Wildbahn ein konkreter Hinweis dafür vor. Zwillinge dürften – sofern es sie gibt – nur als seltene Ausnahme auftreten. Die Kitze sind wie bei den meisten anderen Hirscharten weiß gefleckt. Sie werden etwa 2,5 Monate gesäugt. Dann ist auch die Fleckung verschwunden.

Im Zoologischen Garten Berlin (Berlin-West) deckte ein Bock mit einem Jahr erstmals erfolgreich, ein Weibchen war mit 20,5 Monaten geschlechtsreif. Ein Weibchen im Zoo Krefeld war mit 11 bis 12 Monaten fortpflanzungsfähig und mit etwa 2 Jahren erwachsen (Vogt briefl.).

Bei den Jungböcken sind mit etwa 7 Monaten die ersten Ansätze des Erstlingsgeweihs fühlbar, das mit etwa einem Jahr gefegt ist. Nach Frädrich (1974) werden die Geweihe gewöhnlich jährlich abgeworfen und in 4 bis 5 Monaten die neuen gefegt. Doch sind wie beim Roten Spießhirsch auch größere

Tabelle 3. Futterpflanzen von *Mazama gouazoubira* im Nordchaco von Paraguay. Nach Stallings 1984

Familie	Art	genutzter Pflanzenteil	Beobachtung	Monat
Graminae	*Buchloe* spec.	Laub	Pansen/visuell	das Jahr über
Bromeliaceae	*Bromelia hyeromimii*	Früchte	Pansen	Juli–Oktober
	Dyckia spec.	Blüten, Knospen, Laub	Pansen	Juli–Oktober
	Deutercohnia spec.	Blüten	Pansen	Juli–Oktober
Commelinaceae	*Commelina virginica*	Laub, Blüten	Pansen/visuell	das Jahr über
Ulmaceae	*Phyllostylon rhamnoides*	Laub, Zweige	visuell	Juli–Oktober
Polygonaceae	*Ruprechtia apetata*	Laub	Pansen/visuell	Juni–Oktober
Amaranthaceae	*Amaranthus* spec.	Laub, Spitzen	visuell	Juni–Oktober
	Alternanthera spec.	Laub, Blüten	visuell	Juni–Oktober
Nyctaginaceae	*Boehravia coccinea*	Laub, Spitzen	Pansen/visuell	das Jahr über
Portulacaceae	*Talinum polyjaloides*	Laub, Blüten	Pansen/visuell	Dezember–Januar
	Portulaca aemilis	Laub, Blüten	Pansen/visuell	Dezember–Januar
Capparaceae	*Capparis retusa*	Laub	Pansen/visuell	das Jahr über
		Früchte	Pansen/visuell	Dezember–Februar
	Capparis speciosa	Früchte	Pansen/visuell	Dezember–Februar
Leguminosae	*Mimosa praecho*	Laub, Zweige	visuell	Juli–Oktober
	Mimosa spec.	Laub, Zweige	visuell	Juli–Oktober
	Caesalpinia paraguarensis	Früchte	Pansen/visuell	März–September
	Cercidium australe	Laub, Zweige	visuell	Juli–Oktober
	Goeffrea striata	Laub, Zweige	visuell	Juli–Oktober
	Phasedeae	Laub, Zweige	Pansen/visuell	Dezember–Februar
Zygophyllaceae	*Bulnesia sarmiento*	Laub	Pansen	April–Juli
Simaroubaceae	*Castella coccinea*	Früchte	Pansen	Oktober

Familie	Art	genutzter Pflanzenteil	Beobachtung	Monat
Euphorbiaccae	*Euphorbia chanaesyceae*	Laub, Stengel	Pansen/visuell	das Jahr über
	Caperonia palustris	Laub, Spitzen	visuell	Juli–Oktober
Rhamanceae	*Zyzyphus oblongifolia*	Früchte	Pansen/visuell	April–September
Caricaceae	*Jacaratia hassleriana*	Wurzeln/Laub	Pansen/visuell	Juli–September
Cactaceae	*Cereus* spec.	Früchte	Pansen	das Jahr über
	Opuntia spec.	Laub	Pansen	das Jahr über
	Stetsonia corynne	Früchte	Pansen	das Jahr über
Apocynaceae	*Aspidosperma quebracho*	Früchte	Pansen	März–April
Boraginaceae	*Tournefortia urbicunda*	Früchte	Pansen	Januar–Februar
Acanthaceae	*Ruellia* spec.	Spitzen	visuell	Juli–Oktober
Cucurbitaceae	unbestimmte Gattung	Laub, Früchte	Pansen	Dezember–Februar
Compositae	*Eclipta alba*	Laub, Blüten	visuell	Juli–September
Usneaceae	*Usnea* spec.	ganze Pflanze	Pansen	Juli–September
Bignoniaceae	*Tabebuia chrysantha*	Blüten	visuell	September–Oktober

Abstände nicht selten. So berichten Arara (1802) und Rengger (1830), daß Spieße länger als ein Jahr getragen wurden und alte Geweihe sehr abgeschliffen sind. Thomas (1975) gibt an, daß die Geweihe alle 18 bis 24 Monate gewechselt werden. Auch Frädrich (1974) berichtet von 2 Böcken, die ihre Stangen länger als ein Jahr behielten. Ein Bock hatte im Dezember 1966, achtjährig, zum letzten Mal gefegt und das Geweih bis zu seinem Tod im August 1969 – also 2 Jahre und 8 Monate – nicht abgeworfen. Ein anderer im Juni 1967 geborener Bock hatte im Oktober 1971 zuletzt gefegt und die Stangen bis zum April 1974 – also 2 Jahre und 6 Monate lang – nicht abgeworfen.

Aus dem Zoo Krefeld nennt Vogt die folgenden Daten zur Geweihentwicklung bei 2 Böcken von *Mazama gouazoubira gouazoubira*: der Importbock warf bei seiner Ankunft im September 1973 ab und hatte bis zum 15. 1. 1974 (nach 4 Monaten) das neue Geweih gefegt. Der nächste Abwurf erfolgte im Mai 1976 (also 2 Jahre und 7 Monate nach dem ersten). Im Juli 1976 war das Geweih im Bast 10 cm lang, bis September war es gefegt.

Ein am 24. 9. 1974 geborenes Jungtier hatte sein Erstlingsgeweih bis zum 5. 10. 1975 gefegt. Im April 1976 wurde es abgeworfen. Bis zum Juli 1976 wurde das erste Folgegeweih geschoben und bis zum September gefegt.

Der Graue Spießhirsch kann auch im Bast erfolgreich decken. So wirken sich der über das Jahr verteilte Brunstzyklus der Weibchen und der unregelmäßige Geweihzyklus der Böcke nicht nachteilig auf die Vermehrung aus.

Tschudi (1844) machte in Peru eine merkwürdige Beobachtung: „Es ist ein bei den Indianern allgemein verbreiteter Glaube, dass das Lliuchu sehr schnell sterbe, wenn man ihm gegen das Haar auf dem Rücken streiche; die eigenen Erfahrungen, die wir darüber besitzen, scheinen diese Ansicht vollkommen zu bestätigen; denn bei zweien, bei denen dies geschah, erfolgte der Tod in weniger als zwölf Stunden, eine andere Ursache desselben konnte nicht ermittelt werden, ein dritter Versuch aber fiel nicht so günstig aus, indem das Thier, obgleich während mehrerer Tage niedergeschlagen und matt, am Leben blieb.“ Tschudi ist ein durchaus glaubhafter Zeuge, so daß man diesen Bericht als wahr ansehen muß. Zu seiner Erklärung benötigt man allerdings keine mystische Vorstellung. Viele Hirsche (z. B. Pudus, Kamphirsche und Elche) sind sehr streßanfällig, und selbst zahme Exemplare reagieren stark auf Berührung und besonders das Festhalten. Da sich die Spießhirsche sicher nicht freiwillig gegen den Strich streichen lassen, eine für die meisten Tiere ohnehin sehr unangenehme Handlung, mußten sie dazu festgehalten werden, und die dadurch gesetzte Streßsituation belastete die Tiere so, daß sie zum Tode kamen.

Als natürliche Feinde des Grauen Spießhirsches müssen die gleichen Raubtiere angesehen werden wie beim Roten. Hauptfeind ist wiederum der Mensch. Die Jagdmethoden unterscheiden sich nur wenig von denen auf andere Spießhirsche. Tschudi schreibt über die Jagd auf den Graumazama im vorigen Jahrhundert in Peru: „An der Küste wird dies Reh gehetzt. Schon die Spanier haben dieses wilde Vergnügen mit so grosser Vorliebe gepflegt, dass für einen tüchtigen Paforce-Hund der enorme Preis von 600 spanischen Thalern bezahlt wurde.

Gegenwärtig hetzen nur noch einige in Lima wohnende Engländer. Die Indianer schiessen die Hirsche, in dem sie sich hinter einem Stein verstecken, das Blöcken derselben täuschend nachahmen und sie bis auf wenige Schritte heranlocken ... Sehr viele Hirsche werden bei der Vicuñajagd in dem Chaco gefangen und sogleich getödtet".

Sick (1957) berichtet, daß in den Trockengebieten Brasiliens zur besseren Jagd von den Eingeborenen häufig der Cerrado (trockne Buschsavanne) niedergebrannt wird. Ähnliches erwähnt Behrendt von den Pajonales (vom Urwald umgebene Steppengebiete) in Ostperu.

4.4. Die kleinen Spießhirschformen

4.4.1. *Die unterschiedlichen Formen und ihre Verbreitung*

Im Gegensatz zu den beiden großen Spießhirscharten haben die kleinen Vertreter der Gattung nur recht begrenzte Verbreitungsgebiete. Ihre Lebensweise ist kaum erforscht. Über die Zuordnung der einzelnen Formen zu den Arten bestehen unterschiedliche Meinungen. Cabrera (1957 bis 1961) unterscheidet *Mazama chunyi* Hershkovitz, 1959 und *Mazama rufina* (Bourcier et Pucheran, 1852) mit den drei Unterarten *rufina, nana* und *bricenii*. Dagegen unterscheidet Haltenorth (1963) den Kleinmazama *Mazama nana* (Lesson, 1842) und den Zwergmazama *Mazama bricenii* Thomas, 1908 mit den beiden Unterarten *bricenii* und *chunyi*.

Da zur Klärung der Verwandtschaftsverhältnisse zwischen den Formen das vorliegende Material nicht ausreicht, müssen weitere Untersuchungen, insbesondere serologische und genetische, abgewartet werden. Aus diesem Grund sollen sie hier vorläufig wie echte Arten behandelt werden.

4.4.2. *Der Bororó Mazama nana*

Als erstes soll der Bororó aus Brasilien und Nordargentinien behandelt werden. Als wissenschaftlicher Name ist *Mazama nana* (Hensel, 1872) anzusehen. Synonyme sind:

Coassus rufinus Hensel, 1872
Cervus nanus Hensel, 1872
Mazama rufina nana (Hensel, 1872)
Nanelaphus Nambi Fitzinger, 1879
Mazama bororó Miranda Ribeiro, 1919.

Cervus nanus Lund, 1839 und *Cervus nanus* Lesson, 1842 sind nomina nuda, d. h. Namen ohne Beschreibung.

Trivialnamen sind: Nhambi Bororoca, Bororó, Mão-Curta, veado boro, corzuela enana, venadito, venadito de la selva, corzuela rufa, corzuela colorada menor, poca, poquita. Der portugiesische Name Mão-Curta (kurze Hand) bezieht sich auf die kurzen Beine des Hirsches. Hensel (1879) nennt ihn Kleines Waldreh, im Englischen wird er als little red brocket bezeichnet. Ob es sich bei dem von Sick (1957) am Xingu und Tapajos gefundenen als Garapú oder veado roxo bezeichneten Hirsch auch um den Bororó handelt, ist unsicher.

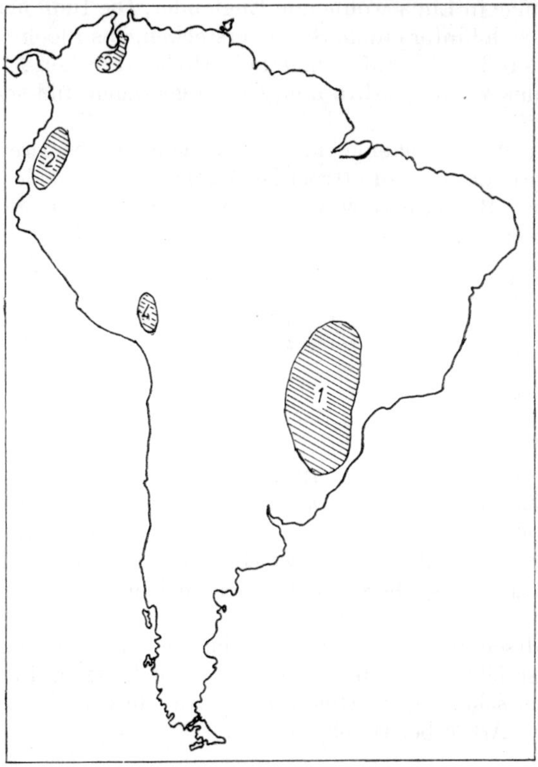

Abb. 39. Verbreitung der kleinen Spießhirscharten.
1 *M. nana* (Hensel, 1872): Brasilien, Paraguay, Nordargentinien;
2 *M. rufina* (Bourcier et Pucheran, 1852): Ecuador, Südkolumbien;
3 *M. bricenii* Thomas, 1908: Cordillera de Mérida (Venezuela);
4 *M. chunyi* Hershkovitz, 1959: Peru, Bolivien

Der Bororó wird von Hensel (1872) folgendermaßen beschrieben: „Er zeichnet sich durch die Kürze seiner Beine aus, daher auch sein brasilianischer Name. Von Farbe ist er roth. Ein in der mitte des December erlegtes Weibchen hatte folgendes Aussehen: das bräunliche roth der Oberseite ist am Bauche kaum heller, nur zwischen den Hinterbeinen und um das Euter hell. Der Hals ist grau, doch auf der Rückseite etwas mehr röthlichbraun. Die Stirn, der Scheitel und Nacken bräunlichgrau. Der Nasenrücken schwarzbraun, zwischen den Augen röthlich. Die Backen gelblichgrau, um die Augen ein verwaschener röthlicher Ring, der über denselben einen deutlichen röthlichen Fleck bildet. Der Unterkiefer hell gräulichgelb. An der Oberlippe und dem Kinn ein heller, jedoch nicht wirklich weisser Fleck. Der Schwanz wie der Körper gefärbt, doch sind an seiner Unterseite einzelne lange weiße Haare. Die Hinterseite der Hinterbeine von der Ferse abwärts schwärzlichbraun, von ihren Nebenklauen ein schwärzlicher Streifen abwärts. Die fast nackten Ohren sind kleiner als bei den beiden vorhergehenden Arten. . . Will man die drei Spießhirsche kurz durch die Farbe voneinander unterscheiden, so kann man die erste Art (Roter Spießhirsch) braun, die zweite (Grauer Spießhirsch) grau, und die dritte (Bororó) roth nennen."

Die Schulterhöhe des Bororó beträgt 45–50 cm, die Kopf-Rumpflänge 60 bis

100 cm. Die Körpermasse liegt bei 15 kg, alte Böcke sollen mitunter 20 kg erreichen. Sie sind dann plump und breitrückig und erinnern stark an Muntjaks (Krieg 1948).

Der Bororó bewohnt die Mittelgebirge Zentral- und Südwestbrasiliens sowie angrenzende Gebiete in Ostparaguay und Nordostargentinien (Provinz Misiones). Er ist sehr wasserliebend und meidet Trockengebiete.

Wie der Rote Spießhirsch ist auch der Bororó dämmerungs- und nachtaktiv. Im Gegensatz zu jenem flieht er aber nicht ins Wasser sondern ins Dickicht. Dort ist er aufgrund seiner kleinen Buschschlüpfergestalt und großen Schnelligkeit seinen Verfolgern überlegen. Nach Hensel (1879) liebt er auch felsige Berggipfel und flüchtet nicht ins Tal, sondern um die Felsen herum. Dagegen berichtet Krieg (1948), daß sich der Bororó gern im seichten Wasser zwischen Pflanzen versteckt, so daß nur Nase oder Kopf aus dem Wasser ragen.

Über die Ernährung ist kaum etwas bekannt. In der Provinz Misiones (Nordargentinien) soll er eine Vorliebe für einige in den Stromschnellen wachsende Wasserpflanzen zeigen, die nach ihrer fischähnlichen Form sardinas genannt werden. Er taucht dabei den Kopf ins Wasser, um die sardinas von den Steinen abzuweiden.

Über die Vermehrung des Bororó ist nichts bekannt. Es liegen lediglich einzelne Angaben über Geburten im November und Februar vor.

Als Feinde kommen die gleichen Raubtiere in Frage, wie bei den anderen Mazamaarten, wobei die großen Marderarten eine besondere Rolle spielen. Durch sein abweichendes Fluchtverhalten ist der Bororó sehr schwer zu jagen.

Bei Gefahr läßt *Mazama nana* einige kräftige hohe Rufe ertönen, die an das Geräusch erinnern sollen, das Mais von sich gibt, wenn er in einer heißen Pfanne platzt. Lautmalend entstand aus diesem Alarmruf der Guaraní-Name Bororó.

Während der Bororó Bewohner des tropischen und subtropischen Mittelgebirges ist, stammen die folgenden Formen aus der Hochgebietsregion der Anden.

4.4.3. *Der Kleine rote Spießhirsch Mazama rufina*

Mazama rufina wurde erstmals 1852 von Bourcier und Pucheran vom Mont Pichincha in Ecuador beschrieben. Synonyme sind:

Mazama nana (Lesson, 1842)
Pudu mephistophiles de Winton, 1896 (teilweise)
Mazama bricenii Lönnberg, 1913 (nicht Thomas, 1908).

Nach Ortiz Crespo (briefl. 1985) werden die Tiere in Ecuador auf spanisch cervicabra (Hirschziege) und auf Quechua soche genannt.

In Ecuador und wahrscheinlich auch in Südkolumbien leben die Tiere im dichten Wald zwischen 1500 m und der Baumgrenze in 3500–4000 m. Frädrich (1970) beschreibt den Biotop folgendermaßen: „Unsere Messungen ergaben, daß die Nachttemperaturen etwa 2 m über dem Boden zwischen nur 5–6 °C lagen und auch um die Mittagszeit stieg das Thermometer selten über 16 °C. Fast immer waren die Berghänge in Wolken gehüllt, die Sonne ließ sich nur gelegentlich sehen, und mehrere langanhaltende Regengüsse pro Tag waren die Regel.

Diese ständigen Niederschläge, die das ganze Jahr über vorherrschen sollen, geben dem Wald sein Gepräge. Er besteht im Fanggebiet aus 8–10 m hohen Bäumen, die selten mehr als 30 cm Durchmesser erreichen und über und über mit epiphytischen Farnen, Moosen, Orchideen und Bromeliaceen bedeckt sind. In den Baumkronen bilden sie oft meterdicke verfilzte Klumpen, die oftmals dazu führen, daß selbst große Äste abbrechen. Baumfarne von 8 m Höhe sind nicht selten, der Boden ist mit dichtem Gestrüpp aus Farnen, Bambus und breitblätterigen Pflanzen, in lichterem Wald auch mit hohem Gras bedeckt. Die Erde ist überall wasserdurchtränkt, so daß ein Vorankommen äußerst mühsam ist. Von vielen Bergwänden stürzen Wasserfälle herab, die in den Rio Palora einmünden ... Alles in allem ist dieser andine Wald ein Lebensraum, der von jedem Tier eine erhebliche Anpassung an Nässe und Kälte sowie ein ausgezeichnetes Klettervermögen erfordert."

Von im Zoologischen Garten Berlin (Berlin-West) gehaltenen Tieren gibt Frädrich (1974) folgende Beschreibung: „Die Tiere sind hinten deutlich überbaut, die Beine im Vergleich zum Graumazama etwas kürzer und stämmiger, der Hals ist bedeutend gedrungener, und der Kopf wirkt puduartig ‚kindlich'. Die Voraugendrüsen sind stark entwickelt, Nasenrücken, Stirn, Scheitel, Oberhals und Rückseite der Ohren sind schwarz bis grauschwarz. Die Innenseite der Ohrmuschel trägt weißliche Haare; weiße Flecke finden sich seitlich unter den Nasenlöchern und am Kinn. Die Grundfarbe ist leuchtend dunkelrotbraun, Bauch und Innenseite der Beine sind gelb-rot, die Außenseite der Beine ist schwärzlich, die Schwanzunterseite weißlich. Kleinmazamas besitzen ein dichtes, langes, oft auch struppig-wolliges Fell." Nach Lehmann (1959) sollen auf dem Páramo de Guanacas in Südkolumbien auch Albinos vorkommen. Das Geweih ist kaum länger als 8 cm. *Mazama rufina* hat keinen Haarwirbel im Nacken.

Über die Lebensweise des Kleinen roten Spießhirsches ist kaum etwas bekannt. Nach Ortiz Crespo ist er ein „browser" (d. h. ein Fresser von Kräutern und Zweigen im Gegensatz zum „grazer", dem Grasfresser), der eine große Vielfalt von Futterpflanzen benutzt. Die Tragzeit soll 217 Tage betragen. Bei einem im Zoologischen Garten Berlin gestorbenen Weibchen wurde ein starker Befall mit Bandwurmfinnen festgestellt.

4.4.4. *Briceños Spießhirsch Mazama bricenii*

1908 beschrieb Thomas aus dem Páramo de la Culata in 3000 m Höhe in der Cordillera de Mérida einen kleinen Spießhirsch, den er zu Ehren des Sammlers Briceño *Mazama bricenii* nannte. Der Körper ist kastanienrot, Kopf, Ohren, Nacken, Vorder- und Hinterbeine sind dunkelbraun. Die Unterseite ist heller. Das leuchtende Rot der Kehle steht im scharfen Kontrast zum Dunkelbraun der Wangen. Der Schwanz ist kurz, an der Oberseite rotbraun, an der Unterseite weiß. Der Schädel ähnelt sehr dem fälschlich von de Winton (1896) als *Pudu mephistophiles* beschriebenen (s. u.). Die Spieße werden 5–5,5 cm lang. Über die Lebensweise ist nichts bekannt.

4.4.5. *Der Zwergmazama Mazama chunyi*

1959 beschrieb Hershkovitz nach Museumsmaterial als bisher letzte Art den Zwergmazama *Mazama chunyi*. Die Exemplare waren bis dahin unbestimmt oder fälschlicherweise als Nordpudus angesehen worden. Synonyme sind:

Pudua mephistophiles Matschie, 1899 (nicht de Winton)
Pudua spec. Eaton, 1916
Pudua spec. Tate, 1931
Mazama spec. Thomas, 1920
Mazama spec. Sanborn, 1951
Pudu mephistophiles Sanborn, 1952.

In Peru wird der Hirsch auf Quechua tanca taruca oder chuñi taruca (Kleiner Hirsch), auf spanisch cabra de monte (Bergziege) oder venado enano (Zwerghirsch), in Bolivien chuñi, im Englischen dwarf brocket genannt.

Die allgemeine Färbung von Kopf und Körper ist zimtbraun bis rötlichbraun. Die Innenseiten der Ohren, seitliche Nasenflecken, der Kinnfleck, Bauch und Unterseite des Schwanzes sind weiß, Kehle, Brust und Innenseiten der Beine gelbgrau bis ocker. *Mazama chunyi* hat keinen Haarwirbel am Nacken.

Der Zwergmazama hat etwa die Größe des Südpudu. Die sehr kleinen Spieße werden etwa 3,5 cm lang und überragen das Fell kaum. Die Kopf-Rumpf-Länge beträgt etwa 70 cm, die Körpermasse etwa 11 kg.

Lebensraum des Zwergmazamas sind die Buschwälder der Anden, Nordwestboliviens und Südostperus in Höhen von 1500 m bis zur Baumgrenze in etwa 3200 m. Der Biotop in Bolivien in der Ceja de Montana zwischen Tio und Chili-Chili (2000–2500 m Höhe) zeichnet sich durch Schluchten mit charakteristischem Buschwald, der mit pajonales (Bergheiden) und nacktem Fels wechselt. Das gesamte Gebiet liegt fast ständig im Nebel (Ceballos Bendezu 1959). In der Gegend von Ulla-Ulla (Bolivien) ist der Chuñi ein Tier des Waldrandes und kleiner Lichtungen bis oberhalb der Waldgrenze, steigt aber auch in tiefere Regionen bis 2200 m herab (Jungius 1974).

Über die Lebensweise ist nichts bekannt. Im Dezember kommt er gewöhnlich zu den Feldern in den Schluchten und richtet zum Teil beträchtliche Schäden an den Kartoffeln an. Aus diesem Grund wird er stark verfolgt. Die Tiere werden mit Hunden aus dem Dickicht getrieben.

5. Die Pudus

5.1. Die Gattung Pudu

5.1.1. *Synonyme*

Gültiger Gattungsname ist *Pudu* Gray, 1850. Synonyme sind:

Pudua Garrod, 1877
Pudella Thomas, 1913.

Außerdem wurden (und werden z. T. auch jetzt noch) die Pudus zu verschiedenen anderen Gattungen gerechnet: so von Molina (1782) zu *Capra*, von Gmelin (1788) zu *Ovis*, von Bennett (1851) und nach ihm vielen anderen zu *Cervus*, von Gray (1850) zu *Coassus*, von Fitzinger (1873) zu *Nanelaphus* und von vielen anderen Autoren zu *Mazama*.

Als Trivialname für die Gattung ist allgemein das aus dem Araukanischen stammende Pudu gebräuchlich.

5.1.2. *Merkmale*

Die Pudus ähneln sehr den Vertretern der Spießhirsche. Wie diese haben sie eine hinten überbaute Buschschlüpfergestalt. Die Beine sind kurz, der Körper niedrig liegend. Die Ohren sind mehr oder weniger gerundet, der Gesichtsschädel kindlich kurz, das Profil mehr konvex. Die Kopf-Rumpf-Länge ist geringer als 85 cm, der Schwanz rudimentär. Die Wirbelsäule besteht aus 38 bis 39 Wirbeln und zwar 7 Halswirbeln, 12 bis 13 Brustwirbeln, 6 bis 7 Lendenwirbeln, 4 bis 5 Kreuzwirbeln und 8 Schwanzwirbeln. Die Schulterhöhe ist geringer als 50 cm, die Körpermasse unter 15 kg.

Die allgemeine Körperfärbung ähnelt der des Europäischen Rehs. Die einzelnen Haare sind gelblich- bis rotbraun und schwarzbraun gebändert mit dunklen Spitzen, so daß sich eine feine Perlung von gelb- bis rötlichbraun und schwarzbraun ergibt. Es gibt keine weißen Flecken an Nase, Kinn, Ohren oder Schwanz.

An der Stirn sind die Haare zu einem kleinen Schopf verlängert. Haarwirbel im Nacken treten nicht auf.

Die erwachsenen Böcke tragen deutlich sichtbare Spieße, die den Stirnschopf beträchtlich überragen. Wenn einige Autoren (z. B. Sanderson 1956, Cabrera u. Yepes 1960, Heck 1967) schreiben, daß das Spießgeweih fast ganz im Stirnschopf verborgen ist, so trifft das nur auf das Erstlingsgeweih zu. Bereits das erste Folgegeweih ist mit etwa 3 cm Länge deutlich sichtbar. Ein konkreter Bericht über Verzweigungen ist mir nicht bekannt.

Die Zahnformel entspricht der der Spießhirsche. Obere Eckzähne sind beim Nordpudu im Milchgebiß gewöhnlich vorhanden und werden oft auch im bleibenden ausgebildet. Beim Südpudu treten sie im Milchgebiß selten, im bleibenden Gebiß nicht auf.

Wichtigstes Unterscheidungsmerkmal der Gattungen *Pudu* und *Mazama* ist

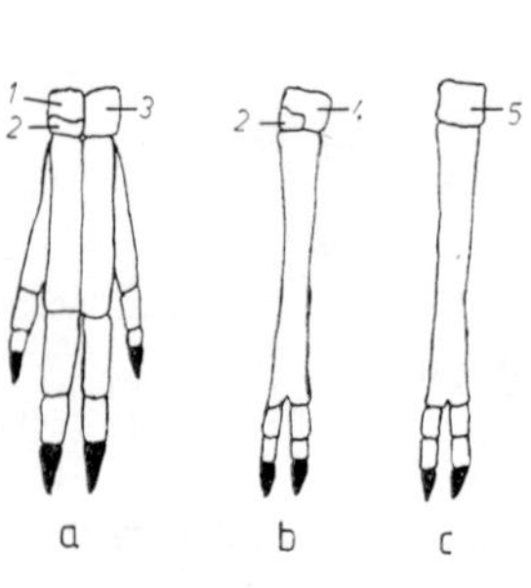

Abb. 40. Reduktion der Fußwurzelknochen bei den Neuwelthirschen.
a) Schwein (*Sus*): Naviculare, Cuneiforme und Cuboid sind getrennt;
b) Spießhirsch (*Mazama*): Naviculare und Cuboid sind verwachsen, Cuneiforme ist noch getrennt;
c) Pudu (*Pudu*): auch Cuneiforme ist mit Naviculocuboid verwachsen.
1 Naviculare, 2 Cuneiforme (Tarsale 2 + 3), 3 Cuboid (Tarsale 4 + 5), 4 Naviculocuboid, 5 Naviculocuboid mit Cuneiforme verwachsen

die Reduktion der Fußwurzelknochen. Während z. B. beim Schwein Naviculare (Kahnbein), Cuboid (Würfelbein) und Ectocuneiforme (äußere Keilbeine) getrennte Knochen darstellen, sind bei der Gattung *Mazama* Naviculare und Cuboid zu einem Knochen verschmolzen und nur die Cuneiforme getrennt. Bei der Gattung *Pudu* sind auch die Ectocuneiforme mit dem Naviculocuboid zu einem Knochen verschmolzen.

5.1.3. *Verbreitung und Lebensraum*

Die Pudus leben in zwei weit voneinander getrennten Gebieten in den Hochgebirgen Ecuadors, Perus und Südkolumbiens sowie in den Wäldern Mittel- und Südchiles und Westargentiniens. Lebensraum sind die feuchten gemäßigten Hochgebirgswälder und anschließenden Páramos mit ihren Dickichten von Knieholz in Höhen zwischen 2700 und 4000 m in Äquatornähe (Nordpudu) sowie die regenreichen gemäßigten Wälder der Valdivia-Region in Chile und Argentinien.

Abb. 41. Verbreitung der Gattung *Pudu*.
1 *Pudu pudu* (Molina, 1782): Chile, Argentinien;
2 *Pudu mephistophiles* (de Winton, 1896): Ecuador, Südkolumbien, Süd- und Mittelperu

5.1.4. *Die beiden Arten*

Die Gattung enthält 2 Arten, den Südpudu *Pudu pudu* und den Nordpudu *Pudu mephistophiles*. Hershkovitz (1982) gibt folgenden Schlüssel für die Arten:

1. Körpergröße kleiner, Außenseite der Ohren, Kinn, Vorder- und Hinterfuß braun oder schwärzlich, Voraugendrüse klein, äußere Öffnung unauffällig, Tränengrube flach oder schüsselförmig, Längsachse der Voraugenhöhle fast oder völlig senkrecht, Kitze ungefleckt (Kolumbien, Ecuador, Peru) . . . *Pudu mephistophiles*
2. Körpergröße größer, Gesicht rötlich gelbbraun oder braun, Ohren, Nasenfleck, Kinn, Vorder- und Hinterfüße rötlich, Voraugendrüse groß, äußere Öffnung groß, auffallend, Tränengrube tief oder napfförmig, Längsachse der Voraugenhöhle diagonal bis fast horizontal zur Grundfläche des Schädels, Kitze gefleckt (Chile, Argentinien) . . . *Pudu pudu*.

5.2. Der Südpudu
Pudu pudu

5.2.1. *Synonyme*

Der gebräuchliche wissenschaftliche Name ist *Pudu pudu* (Molina, 1782). Hershkovitz (1982) ist der Meinung, daß der Artname *puda* lauten müsse, weil Molina das Tier in seiner Erstbeschreibung *Capra Puda* nennt. Dem ist entgegenzuhalten, daß Molina offensichtlich die Endung a als notwendige Anpassung des Geschlechtes an den weiblichen Gattungsnamen *Capra* ansieht. Bei Verwendung des (männlichen) Gattungsnamen *Pudu* ist das nicht notwendig, so daß hier der Name *Pudu pudu* verwendet wird. Synonyme für den Südpudu sind:

Capra Puda Molina, 1782
Ovis Pudu Gmelin, 1788
Aries pudu Fischer, 1814
Antelope Pudu Blainville, 1816
Mazama pudu Rafinesque, 1817
Cervus humilis Bennett, 1831
Antilocapra pudu Lesson, 1842
Cervus pudu Gay et Gervais, 1846
Coassus pudu Gray, 1850
Pudu humilis Gray, 1852
Pudu chilensis Gray, 1852
Nanelaphus pudu Fitzinger, 1873
Pudua humilis Garrod, 1877
Coassus humilis Rütimeyer, 1881
Pudua pudu Lydekker, 1898.

Wichtigster Trivialname ist das aus dem Araukanischen stammende Wort Pudu, das auch in die meisten anderen Sprachen übernommen wurde (im Araukanischen und Spanischen ist Pudú endbetont). Zur Unterscheidung von *Pudu mephistophiles* kann der Name auch mit erklärendem Zusatz gebraucht werden: Südpudu, Chilenischer Pudu, Southern Pudu, Chilean Pudu, Pudú de Chile, Pudú menor, Pudú del sur. Weitere spanisch-amerikanischen Bezeichnungen sind: venadito, venado und ciervo enano, wobei venado auch für andere Hirsche (z. B. den Kamphirsch) verwendet wird. Die Deutsch-Chilenen nennen den Pudu Reh. Ältere deutsche Namen sind Venadahirsch und Pygmäenhirsch. Gray (1850) nennt auch die französische Bezeichnung chevreuil.

5.2.2. *Merkmale*

Die Körperfarbe ist ein kräftiges Kastanien- bis Rostbraun mit feiner Perlung. Die Unterseite und die Innenseite der Beine sind gelblichbraun. Die Färbung schwankt individuell stark. Wie bei unserem Reh ist das Winterfell dunkler und matter.

Ähnlich wie bei den Spießhirschen findet nur ein Haarwechsel im Südfrühling (September–Oktober) statt. Im Gegensatz zur Umstellung bei der Brunst und dem Geweihwechsel erfolgt die Umstellung des Haarwechsels bei Haltung auf der Nordhalbkugel nach den Erfahrungen aus europäischen Zoos nur allmählich und unvollständig.

Der Südpudu ist nach dem Nordpudu die zweitkleinste Hirschart der Erde. Er erreicht Kopf-Rumpf-Längen von 63–82 cm. Der Schwanz wird mit 3–4,5 cm Länge angegeben, bleibt aber weitgehend im Haarkleid verborgen. Die Schulterhöhe beträgt 35–45 cm. Die Angaben über die Stangenlänge erwachsener Südpudus liegen zwischen 5,3 und 9 cm.

Die Körpermasse erwachsener Tiere kann sehr unterschiedlich sein. Es werden für einzelne Tiere 6,4 kg (Frädrich 1975) bis 13,4 kg (Hershkovitz 1982) angegeben. Dabei kann die Masse auch bei voll erwachsenen Tieren noch erheblich zunehmen. So wurden im Thüringer Zoopark Erfurt bei einem 1976 mindestens 6jährigen – also voll erwachsenen – Weibchen die folgenden Werte ermittelt:

August 1976	8,2 kg	April 1977	11,85 kg
Dezember 1976	10,6 kg	August 1977	12,0 kg
Februar 1977	11,5 kg		

Ein zoogeborenes, sich normal entwickelndes Weibchen hatte mit 2 Jahren 8,25 kg erreicht, nachdem es im Alter von 15 Monaten bei einer Masse von 7 kg bereits ein Kitz geworfen hatte.

Im Thüringer Zoopark Erfurt wurde bei einem zahmen Puduweibchen über 15 Monate die Körpertemperatur gemessen. Die Messung erfolgte am späten

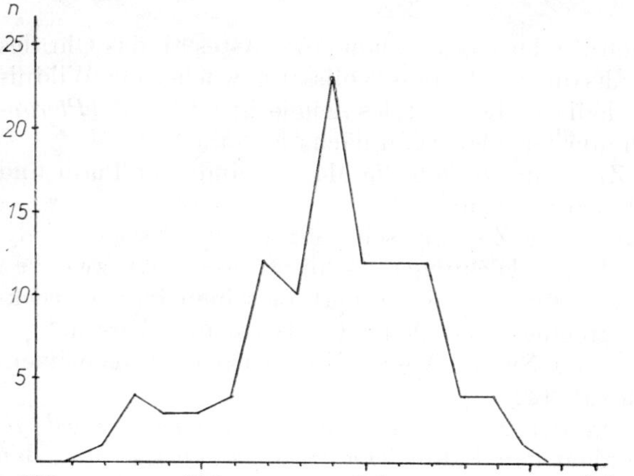

Abb. 42. Häufigkeitsverteilung der bei einem weiblichen Südpudu (*Pudu pudu*) gemessenen Körpertemperaturen

Vormittag rektal. Hundertfünf Einzelmessungen ergaben einen Mittelwert von 38,4 °C. Der niedrigste Meßwert lag bei 37,7 °C, der höchste bei 39,0 °C. 77 % der Meßwerte lagen zwischen 38,2 und 38,7 °C, rund 22 % bei 38,4 °C.

5.2.3. *Verbreitung und Lebensraum*

Der Südpudu bewohnt die feuchten, immergrünen oder laubabwerfenden Wälder Mittel- und Südchiles von etwa 35° südlicher Breite in der Provinz Maule bis zur Insel Riesco in der Magellanstraße (53° südlicher Breite) und umfaßt damit die südliche Santiago-, die Valdivia- und die nördliche Feuerlandregion. Auf argentinischer Seite bewohnt er die patagonische Andenregion von 39° 36′ südlicher Breite (Nationalpark Lanin Provinz Neuquén) und 50° südlicher Breite (Nationalpark Los Glacieres Provinz Santa Cruz). Von Seehöhe geht er bis in 1500 m Höhe. 90 % des ehemaligen Habitats sind durch den Menschen zerstört und auch in den übriggebliebenen Gebieten ist der Pudu bereits sehr selten.

Das Klima zeichnet sich durch kurze trockene Sommer und milde feuchte Winter aus. Die jährlichen Niederschläge betragen 1900–3800 mm.

Krieg (1925) beschreibt den südchilenischen Urwald folgendermaßen: „Da stehen auf kalkarmen aber stickstoffreichem Boden die Jahrtausende alte Alerce (*Fitzroya patagonica*), die Coihue (*Nothofagus Dombeyi*), der weißblühende Muermo (*Eucryphia cordifolia*), die Zypresse (*Libocedrus tetragona*), der Roble (*Nothofagus obliqua*), der magnolienartige Canelo (*Drimys chilensis*), welcher den Mapucheindianern heilig ist, wohl ein Dutzend verschiedenartiger Myrten, der Avellano (*Guevina avellana*) mit seinen eßbaren Nüssen, die an Haselnüsse erinnern."

„Unter all diesen Bäumen und hohen Sträuchern wuchern in undurchdringlicher Dickung die bambusartigen Stauden der Colihue und Quila, zwei *Chusquea*-Arten. An den Bäumen strahlen blutrot die großen Glocken der Schlingpflanze Copihue (*Lapageria rosea*), und unten leuchten aus düsterem Grün Hunderttausende von Fuchsienblüten mit rotviolettem Schimmer hervor. – So ist der südchilenische Urwald."

„Nur selten dringt ein Vogelruf oder das Brechen eines Astes an das Ohr des Jägers, der sich leise und mühsam durch diese vollsaftig wuchernde Wildnis hindurcharbeitet. Bloß der melodische Lockruf des neugierigen Chucao (*Pteroptochus rubecula* Kissl., ‚Waldhühnchen') läutet in nächster Nähe."

„Hier lebt der eigenartige Zwerghirsch, den die Mapucheindianer Púdu und die Chilenen ‚Venado' oder ‚Venadito' nennen."

„In seinem Gehaben wirkt dieser Zwerghirsch sehr wenig hirschartig. Er windet sich geräuschlos durch die Dickungen, schlüpft geschickt zwischen Büschen und Schlingpflanzen hindurch und erinnert in seinen kurzen, ruckartigen Bewegungen oft mehr an eine kleine Antilope als an einen Hirsch."

Ramilo (briefl.) nennt für den Nahuel Huapi Nationalpark (Argentinien) vier verschiedene Habitate des Pudu:

1. Offener Hochwald, der von der Südbuche Coihue (*Nothofagus dombeyi*) beherrscht wird und außerdem den Laurel (*Laurelia phillipiana*) und den Palo santo (*Dasyphyllum diacanthoides*) enthält. Das Unterholz wird durch

den Bambus Colihue (*Chusquea culeou*), verschiedenen Berberitzenarten (*Berberis*) dem Maqui (*Aristotelia maqui*), dem Corcolé (*Azara lanceolata*) und anderen Arten gebildet. Das Gebiet ist sehr feucht.
2. Offener Hochwald, der zu gleichen Teilen vom Coihue und Ciprés, der Chilenischen Flußzeder (*Austrocedrus chilensis*), beherrscht wird. Das Unterholz ist offener und wird von Berberitzen und einer großen Zahl von Kräutern und Farnen gebildet. Das Gebiet ist trockener.
3. Buschwald der zypressenähnlichen Alerce (*Fitzroya cupressoides*) am Seeufer, dem sich ein höherer Wald von Coihue anschließt. Das Unterholz wird hauptsächlich durch den bambusartigen Colihue gebildet, der die Entwicklung von Kräutern weitgehend verhindert. Das Gebiet ist ausgesprochen feucht.
4. Ein überwiegend von der Südbuche Ñire (*Nothofagus antarctica*) und außerdem dem Spindelbaumgewächs Maitén (*Maytenus boaris*) bedecktes Tal. In dem niedrigen und dichten Wald ist das Unterholz wegen der jungen Buchen für den Menschen undurchdringlich, so daß er für den Pudu und andere Tiere ein ausgezeichnetes Rückzugsgebiet bildet.

5.2.4. *Lebensweise*

Die Südpudus sind gewöhnlich dämmerungs- und nachtaktiv. Ob sie dort, wo sie ungestört sind, auch tagaktiv sind, läßt sich nicht klären. Beobachtungen Vanoli's an Pudus in Halbgefangenschaft in einem naturnahen Garten deuten darauf hin. Die Tiere zeigten ihre Hauptaktivitätsperioden am Morgen und am Nachmittag. Auf jeden Fall vermeiden sie es, zur Mittagszeit den Schatten zu verlassen, da sie sehr hitzeempfindlich sind. Nach Junge (1932) starben im Zoo von Concepción Pudus, die ein bis zwei Stunden der prallen Sonne ausgesetzt waren, noch am gleichen Abend.

Mac Namara (1983) markierte im Gebiet von Osorno (Chile) Pudus mit Radiohalsbändern, um ihre Aktivitäten zu überwachen. Er stellte fest, daß sie sich bis zu 80 % ihrer Zeit im Dickicht aufhielten. Bevorzugte Einstände waren Bambusdickichte. Die Territorien variierten zwischen 16 und 26 ha. Während ältere Autoren, wie Molina (1782) oder Gay (1847) und auch noch Cabrera u. Yepes (1960), behaupten, daß die Pudus kleine Rudel bilden, geben neuere Autoren (z. B. Wetterberg 1972 und Mac Namara 1983) an, daß nie mehr als zwei Pudus gemeinsam gesehen wurden.

Pudus sind sehr standorttreue Tiere, die wahrscheinlich ihr Territorium zeitlebens nicht verlassen. Die Angabe Molinas, daß die Pudus im Winter von den Kordilleren in die Täler herabkommen, ist genau so kritisch zu betrachten wie die über die Rudelbildung.

Über die Reviermarkierung in der Natur ist nichts bekannt. Ob Kot und Urin, die immer wieder an den gleichen Stellen abgesetzt werden, auch der Markierung dienen, läßt sich nicht sicher entscheiden. Dagegen muß ein anderes Verhalten als Reviermarkierung angesehen werden. Im Thüringer Zoopark Erfurt nagten die Tiere (Männchen und Weibchen) an Außen- und Zwischentüren, also den „Grenzen“ ihres Revieres. An den gleichen Stellen rieben die

Böcke auch ihre Stangen und die Stirn, so daß die Stellen anschließend häufig naß waren.

Wegen der versteckten Lebensweise der Südpudus ist relativ wenig über die natürliche Ernährung bekannt. Sie besteht hauptsächlich aus Kräutern, Laub von Sträuchern und Bäumen, Knospen, zarten Trieben, sukkulenten Schößlingen, Farnen, Kletterpflanzen und Fallobst. Besonders beliebt sind Fuchsien, Rosen, Brombeeren und die beiden Bambusarten Colihue und Quila sowie die Früchte der chilenischen Haselnuß Avellano (*Guevina avellana*) und von Myrtaceen-Sträuchern. Nach Vanoli (1967) finden sich Äsungsplätze an den Maqui-Stockausschlägen.

Vanoli bot seinen frei im Garten gehaltenen Pudus die unterschiedlichsten Pflanzen zur Auswahl an, um möglichst etwas über die natürliche Ernährung zu erfahren. Er kam zu folgendem Ergebnis: „Immer blieb die Laubäsung der wichtigste Teil der Nahrung. Dabei zeigte sich, daß mit wechselnder Jahreszeit auch die bevorzugte Äsung wechselte, und wider Erwarten einige Sträucher – z. B. Fuchsie und Maqui – die im Winter sehr begehrt sind, im Frühjahr mit frischen Trieben (die dem menschlichen Unverstand besonders lecker erscheinen) abgelehnt wurden. Nicht so dagegen bei Coihué (*Nothofagus dombei* Bl.), Ciruelillo (*Embothrium coccineum* Forst), Huinque (*Lomatia ferruginea* R. Br.), *Azara lanceolata* und jungen Brombeertrieben. Offenbar ist auch sehr harte Laubäsung notwendig und viele Farne, Chaura (*Pernettya mucromata*), Michai (*Berberis Darwinii* Hook), Arrayan (*Myrceugenia apiculata*) und selbst der stachlige Calafate (*Berberis buxifolio* Lam.) wurden zu jeder Jahreszeit geäst, mit besonderer Vorliebe deren Blüten und auch die Beerenfrüchte. Selten wird Gras geäst, dagegen Rotklee, Blüten vom Weißklee, Löwenzahn, Wegerich, Erdbeerlaub, Himbeerblätter und Gänsedistel . . . Obst und alle Beeren sind für die Pudus Leckerbissen.“ Er stellte auch fest, daß „die Weibchen gleich unserem Reh sehr genäschig sind, hier und dort ein Blättchen abzupfen, aber selten größere Mengen derselben Äsung aufnehmen – wenn es nicht gerade Rosen sind. Die Männchen dagegen sind für kräftige Grundlagen, vor allem der jetzige alte Hirsch schlägt sich ohne unnötigen Zeitverlust den Pansen voll und sitzt dann dösend und wiederkauend im Bett.“ Ähnliche Erfahrungen hatte auch der Autor mit Pudus im Zoo Erfurt. Ob gelegentlich auch Kleintiere gefressen werden, wie das im Zoo Köln der Fall war, läßt sich nicht mit Sicherheit sagen. Lebensnotwendig sind sie sicher nicht.

Wasser wird von den Pudus zu allen Jahreszeiten regelmäßig aufgenommen.

Im Gegensatz zu den Spießhirschen hat der Südpudu eine streng jahreszeitlich begrenzte Fortpflanzungszeit. Bei der Haltung in Zoos der Nordhalbkugel stellt er sich sehr schnell auf das neue Klima um, so daß gewöhnlich nur tragend importierte Weibchen noch einmal zur für die Heimat üblichen Zeit werfen.

Die Brunst beginnt in Südamerika Ende April und zieht sich bis Ende Mai–Anfang Juni hin. Über die Brunftkämpfe unter den Männchen ist nichts bekannt. Vanoli beschreibt das Brunstverhalten folgendermaßen: „Die Brunst dieses ersten Paares zeigte sich Ende April dadurch an, daß das Männchen an den versteckt angelegten Näß- und Losungsplätzen Wind nahm und dann wie ein Steinbock mit erhobenem Haupt und gekrauster Muffel flehmte ... Bald begannen deutlichere Brunftspiele: das Pärchen stand nebeneinander und bearbeitete sich gegenseitig mit klatschend geführten Schlägen der Häupter in die Seite und Weichen des Partners. Die seitlichen Stöße wurden so stark geführt, daß oft der eine oder andere einige Schritte weit weg flog. Auch versuchten sie oftmals, sich zu unterlaufen und in die Höhe zu schleudern. Anschließend beleckten sie sich dann gegenseitig von oben bis unten ... Der 14., 15. und 16. Mai waren die Hochtage der ersten Brunft, an denen mehrfach der Beschlag beobachtet wurde. Das Treiben ähnelt sehr dem unserer Rehe. Das Männchen treibt ohne Keuchen oder andere Lautäußerungen. Das Weibchen fiept zeitweise wie ein Reh, aber nur in Bedrängnis beim vollen Treiben.“

Nach 7 Monaten (Vanoli ermittelte 207 bzw. 223 Tage, Hick 202 Tage) wird ein Junges geboren. Lediglich Housse (1953) berichtet über einen Fall von Zwillingen. Aber die Angaben dieses Autors scheinen in mehreren Punkten sehr zweifelhaft zu sein. Wie Einzelbeobachtungen aus der Natur und die Erfahrungen aus zoologischen Gärten nahelegen, ist das Männchen wahrscheinlich im Normalfall bei der Geburt anwesend. In der Gefangenschaft spielen die Böcke häufig mit den Jungtieren. Im Zoo Erfurt waren sie sogar die bevorzugten Spielpartner. Sie reagierten auch stark auf das Angstfiepen des Jungen, was andeutet, daß die Paare auch in der Zeit der Jungenaufzucht zusammenhalten.

Die Jungtiere sind etwa 15 cm hoch und tragen ein rotbraunes Fell mit weißen Flecken. Sie haben eine Kopf-Rumpf-Länge von etwa 35 cm. Über die Geburtsmasse liegen einander widersprechende Angaben vor. Vanoli nennt 350 bzw. 370 g, was sehr niedrig erscheint. Ein im Thüringer Zoopark Erfurt geborenes Jungtier von 550 g erwies sich als lebensschwach, die übrigen hatten Geburtsmassen zwischen 700 und 800 g. 700 g werden auch im Puduheft der Fauna Argentina angegeben. Dagegen schreibt Ramilo (briefl. 1986), daß die Geburts-

Tabelle 4. Verteilung von Pudugeburten über die verschiedenen Monate

Monat	Südamerika	Europa
Januar	6	2
Februar	2	–
März	–	–
April	–	1
Mai	–	22
Juni		14
Juli	–	4
August	–	3
September	–	2
Oktober	–	–
November	9	7
Dezember	6	1

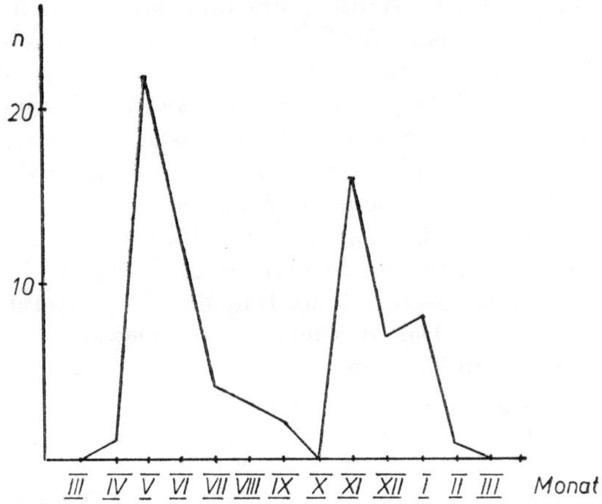

Abb. 43. Verteilung von beobachteten Geburten des Südpudu in Südamerika und Europa auf die Monate des Jahres (n = 79)

masse der Pudus in der Zuchtstation im Nahuel Huapi Nationalpark in den letzten Jahren im Durchschnitt 900 g betrug. Hick (1968) gibt für ein im Zoologischen Garten Köln geborenes Hirschkalb „etwa 1000 g bei einer Schulterhöhe von 25 cm“ an.

In der Tabelle 4 wurden Geburtsdaten aus Südamerika und den Zoologischen Gärten von Antwerpen, Berlin, Erfurt, Köln, London und Wuppertal ausgewertet. Eine Betrachtung der Verteilung der Geburten über das Jahr zeigt zwei deutliche Spitzen: von November bis Januar (Tiere in Südamerika und Einzeltiere in Europa vor der Umstellung) und – um 6 Monate verschoben – im Mai und Juni (Mehrzahl der Geburten in Europa). Dem fügen sich auch pauschale Angaben aus den Zoos Chillán Viejo in Chile (November) und Rotterdam (Mai und Juni) ein. Unter 58 Geburten gab es 30 Männchen und 28 Weibchen.

Von einem Weibchen im Thüringer Zoopark Erfurt gelang es dreimal, Milchproben zur Untersuchung zu gewinnen. Eine genaue Bestimmung des Fettgehaltes war wegen der geringen Menge leider nicht möglich (Tab. 5).

Bei einem zahmen Weibchen im Zoo Erfurt wurde einige Zeit vor dem erwarteten Geburtstermin täglich das Euter überprüft. Erst am Tag vor der

Tabelle 5. Milchzusammensetzung beim Südpudu

Laktationstag	Fett	Eiweiß	Laktose	Untersucher
5.	–	11,46 %	3,93 %	Voigtländer
14.	–	12,22 %	3,26 %	Voigtländer
32.	3–4 %	2,03 %	7–8 %	Fiehring

Elektrolytgehalt in der Probe vom 32. Laktationstag (in mg/100 ml)

K	Ca	P	Na	Cl	Untersucher
81	37	46	110	22	Fiehring

Geburt war ein schwaches Anwachsen fühlbar und am Morgen der Geburt ein deutliches Aufeutern. 3 Monate nach der Geburt wurde noch Milch im Euter festgestellt.

Das Jungtier kann kurz nach der Geburt stehen und laufen. Bereits nach einer Stunde saugt es an der Mutter in der für Huftiere üblichen Antiparallelstellung. Es wurde aber vereinzelt auch beobachtet, daß das Junge direkt unter der Mutter stand oder von hinten zwischen den Hinterbeinen der Mutter hindurch zu saugen versuchte. Mit drei bis fünf Tagen kauen die Jungtiere auf Blättchen u. ä., ohne sie zu fressen. Mit zehn bis vierzehn Tagen wird regelmäßig Laub aufgenommen, und mit acht bis zehn Wochen können sie ausschließlich von fester Nahrung leben. Ob sie gelegentlich noch wesentlich länger gesäugt werden, wie ein am 180. Lebenstag beobachteter – allerdings erfolgloser – Saugversuch nahelegt, läßt sich nicht mit Sicherheit sagen.

Die Geburtsmasse verdoppelt sich in etwa 14 Tagen, verdreifacht sich in 4 Wochen und vervierfacht sich in 6 bis 7 Wochen. Mit 2,5 Monaten werden etwa 4 kg, mit 6 Monaten 6 kg erreicht, und mit 1,5 bis 2 Jahren sind die Tiere mit etwa 8 kg erwachsen. Südpudus können ein Höchstalter von 10 bis 15 Jahren erreichen.

Das Fleckenkleid verliert sich in den ersten 3 bis 5 Monaten. Über den Verlauf der Umfärbung soll eine Wiedergabe von Beobachtungen im Zoo Erfurt informieren. In 3 Wochen waren aus den weißen Fleckenreihen ins Hellbraune übergehende Längsstreifen geworden. Nach 4 Wochen waren nur noch 2 sehr schwache Längsstreifen auf den Seiten und den Oberschenkeln sowie 2 helle (nicht weiße) Flecken hinter jedem Ohr und je einer auf der Schulter zu erkennen. Nach 12 Wochen waren sie kaum noch wahrnehmbar. Nach 17 Wochen waren die Flecken wieder deutlich erkennbar, zwar nicht farblich unterschieden, aber deutlich erhaben. Mit 5 Monaten war die Fleckung völlig verschwunden. Das Fell unterschied sich nur noch durch dunklere Färbung und einen höheren Anteil von Wollhaaren von dem der Erwachsenen.

Die Geschlechtsreife tritt mit 0,5 bis 1,5 Jahren ein, also noch vor Erreichen der vollen Körpergröße.

Ähnlich wie die Fortpflanzungszeit ist auch der Geweihwechsel streng jahreszeitlich geregelt. Der Geweihabwurf erfolgt im Juli oder August. Bereits kurz nach dem Abwurf wird das neue Geweih geschoben. Es hat bis zum November seine volle Länge erreicht. Bis Mitte Dezember ist es gefegt. Im Gegensatz zur Umstellung der Fortpflanzung erfolgt die Umstellung des Geweihzyklus bei der Anpassung an das Leben auf der Nordhalbkugel stufenweise. Es werden zwei verkürzte Geweihzyklen von je 9 Monaten eingeschoben. Auf die Fortpflanzung hat das keinen Einfluß, da Pudus auch im Bast fortpflanzungsfähig sind. Nach der Umstellung erfolgen die Geweihabwürfe zwischen November und Februar mit deutlicher Spitze im Dezember und Januar. Meist werden beide Stangen an einem Tag oder nur mit wenigen Tagen Abstand abgeworfen.

Bei den Jungböcken zeigen sich im Alter von 4 Monaten an der Stirn zwei hellbraune Flecken, an deren Stelle zwei Monate später schwache Erhebungen fühlbar sind. Mit acht Monaten haben die Knopfspieße 1 cm Höhe erreicht und mit elf Monaten die endgültige Höhe von 2–2,5 cm über dem Schädel. Bis zum

14. Lebensmonat sind diese blank gefegt, und im 19. bis 20. Monat werden sie abgeworfen. Bereits nach 10 Tagen ist das erste Folgegeweih 1,5 cm lang. Es erreicht mit 3 bis 4 Monaten seine volle Länge (3–6,5 cm), ist mit 4 bis 6,5 Monaten blank gefegt und wird nach 12 Monaten wieder abgeworfen. In den Folgejahren wiederholt sich der Vorgang mit dem einzigen Unterschied, daß die absolute Stangenlänge etwas größer ist. Mir ist kein Fall bekannt, daß ein Pudu seine Stangen länger als ein Jahr trug.

Wie andere Hirscharten meiden auch die Südpudus direkten Körperkontakt. Auch miteinander vertraute Tiere, z. B. Mutter und Jungtier, liegen immer in gewisser Distanz. Der soziale Kontakt wird hauptsächlich durch gegenseitiges Belecken – besonders am Kopf und in der Analgegend – aufrecht erhalten. Gegenseitiges Belecken kann – wenigstens in der Gefangenschaft – das ganze Jahr über beobachtet werden, allerdings in der Zeit der Brunst besonders häufig. Das Jungtier wird sehr häufig beleckt, nicht nur von der Mutter, sondern auch vom Vater und eventuell noch vorhandenen älteren Geschwistern. In Gefangenschaft wurde beobachtet, daß sich der Vater besonders viel mit dem Jungen beschäftigt und es sich sogar gefallen läßt, daß dieses bei ihm nach dem Euter sucht.

Auf das Angstfiepen des Jungen reagieren beide Elterntiere und auch die Geschwister stark. Sie laufen mit weit geöffneten Voraugendrüsen aufgeregt umher. Auch das Vorspielen des Angstlautes vom Tonband hatte – sofern Junge in der Gruppe waren – das gleiche Ergebnis. Waren keine Jungtiere in der Gruppe, reagierten die Tiere darauf nicht anders, als auf ein indifferentes ungewohntes

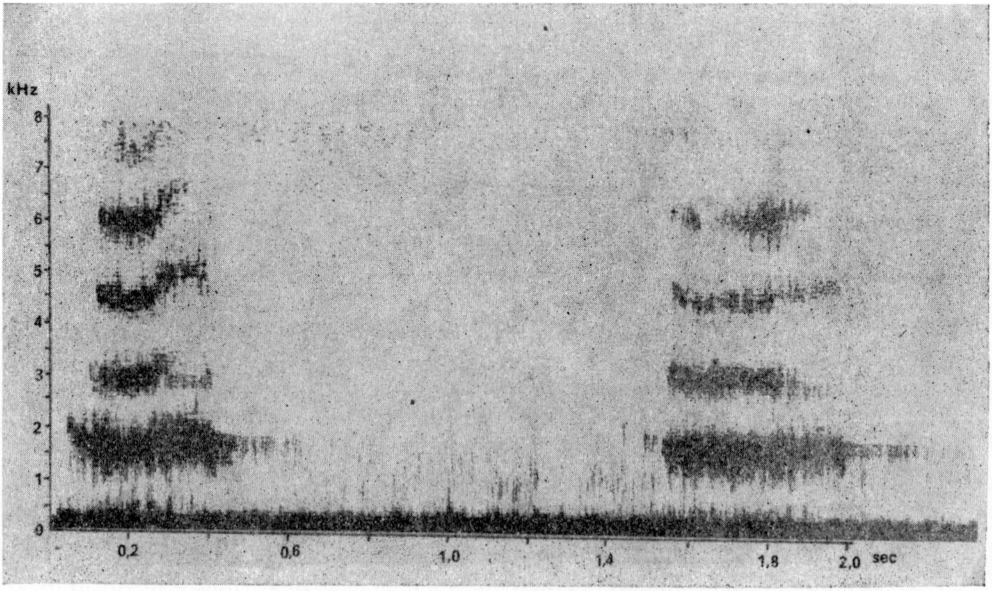

Abb. 44. Sonagramm des Angstfiepens eines jungen Südpudus

Geräusch. Das bedeutet, daß für die Reaktion offensichtlich physiologische Vorbedingungen notwendig sind.

Südpudus haben einen sehr guten Geruchssinn. Vanoli berichtet, daß seine Tiere bei günstigem Wind fremde Personen schon in 300 m Entfernung wahrnahmen. Bei Erregung werden die Voraugendrüsen weit geöffnet. Als Drohgebärde beobachtete Vanoli einen „ganz steil hochgezogenen Katzenbuckel". „Das alte Weibchen hatte dazu Laute ausgestoßen, die zwischen Zischen und Fauchen lagen (ähnlich der Wildkatze)." Im Zoo Erfurt wurde solch ein Verhalten nie beobachtet. Dagegen drohten die Tiere durch Zähneknirschen, besonders bei Anwesenheit von Jungtieren oder leichten Erkrankungen.

Bei innerartlichen Auseinandersetzungen scheinen die Männchen (wenigstens wenn sie kein Geweih tragen) und die Weibchen einander zu beißen. So konnten in den ersten Tagen des Zusammengewöhnens im Zoo Erfurt an beiden Tieren Bißwunden festgestellt werden. Allerdings sind Auseinandersetzungen unter den Tieren selten, wenn nicht mehrere Männchen auf engem Raum zusammenleben müssen.

Kot und Urin werden plaziert abgesetzt. Die Stellen liegen versteckt und werden einige Zeit benutzt. Ob sie eine Funktion als Reviermarkierung aufweisen, ist unbekannt. Zum Koten und Harnen nehmen sowohl Männchen als auch Weibchen Kauerstellung ein.

Lautäußerungen der Südpudus sind sehr selten. Sie werden hauptsächlich in der Zeit der Brunst und der Jungenaufzucht abgegeben. Dabei handelt es sich vorwiegend um Fieptöne unterschiedlicher Höhe.

Sowohl die Jungtiere als auch die Erwachsenen sind sehr spielfreudig. Besonders am Morgen und am späten Nachmittag konnten – zum Teil auch in freier Wildbahn – Lauf- und Verfolgungsspiele beobachtet werden. In dem Gehege Vanolis in Chile dauerten sie häufig so lange, „bis beide mit heraushängendem Lecker zu japsen begannen". Solche Spiele wurden zu allen Jahreszeiten gesehen – auch außerhalb von Brunst und Jungtieraufzucht. In Erfurt gab es auch zu allen Jahreszeiten Paarungen und Paarungsversuche (die Jungtiere wurden aber in der normalen Saison geboren).

Vanolis Pudus reagierten sehr stark auf das große Erdbeben 1960 in Südchile, „das die Pudus für lange so verstörte wie nie zuvor. Mit vor Angst weit geöffneten Voraugendrüsen schoben sie sich planlos flüchtend in ein Versteck ein, um sofort wieder weiterzuflüchten. Dabei geriet das Weibchen zufällig zu mir, begann aufgeregt meine Hände zu lecken, zitterte dabei aber vor Angst. Nach langem leisen Zureden beruhigte es sich etwas. Das Männchen dagegen war nicht anzusprechen, und blieb sehr viel länger völlig verängstigt. Dabei hatten die Tiere außer den allerdings sehr starken Erschütterungen der Erde, dem unterirdischen Grollen und dem Getöse der Bergrutsche rundum keine direkten Schockerlebnisse durch Einsturz oder Waldbruch".

Vor seinen Feinden flüchtet der Pudu im Zickzack hakenschlagend durch die Dickung. Auf freiem Feld ermüdet er bald. Er versucht deshalb, möglichst das Dickicht zu erreichen. Dort ist er sehr schnell und kann seinen Feinden häufig entkommen. In starker Bedrängnis sucht er seine letzte Zuflucht in Flüssen und Seen.

In verschiedenen europäischen Zoos wurde bei Importtieren Befall mit Bandwurmfinnen (*Cysticerus tenuicollis*) festgestellt, der z. T. so stark war, daß er zum Tode führte. In der Zuchtstation im Nahuel Huapi Nationalpark (Argentinien) wurde auch der Leberegel (*Fasciola hepatica*) nachgewiesen, der wahrscheinlich durch die exotischen Hirsche eingeschleppt wurde. Als einziger Parasit von Bedeutung zeigte sich dort aber nur *Strongyloides* spec. Andere bei Zootieren gefundene Fadenwürmer waren *Capillaria, Trichostrongylus, Protostrongylus*.

An Ektoparasiten wurden in Chile die Zecken *Ixodes taglei* und *Ixodes stilese* sowie Lausfliegen aus der Gattung *Lipoptena* nachgewiesen (Kohls).

An gefährlichen Infektionskrankheiten ist besonders die Maul- und Klauenseuche zu nennen, an der sowohl in Chile als auch in Europa Pudus starben. In Europa erweisen sich Südpudus überhaupt als sehr anfällig gegen Infektionskrankheiten wie Tuberkulose, Salmonellose, Pasteurellose sowie Lungen- und Nierenerkrankungen.

Feinde des Südpudus sind der Puma (*Puma concolor*), der Andenschakal (*Dusicyon culpaeus*), der Pampasfuchs (*Dusicyon griseus*), die Wildkatze (*Oncifelis guigna*), der Uhu (*Bubo virginianus*) und vor allem wildernde Haushunde.

Konkurrenten hat er unter den einheimischen Pflanzenfressern nicht. Die eingeführten exotischen Huftiere (Rothirsch, Damhirsch, Wildschwein) schädigen den Pudu weniger durch Nahrungskonkurrenz als durch Übertragung von Krankheiten und Biotopzerstörung.

Obwohl der Südpudu heute sowohl in Chile als auch in Argentinien gesetzlich geschützt ist, wird er in vielen Gebieten durch die Campesinos wegen seines wohlschmeckenden Fleisches rücksichtslos verfolgt. Osgood (1943) beschreibt die übliche Jagd- und Fangmethode. Von einem Boot aus werden am Ufer einer Bucht oder eines Meeresarmes, wo im Wald Pudus vermutet werden, Hunde abgesetzt. Die Männer warten im Boot und lauschen den jagenden Hunden. Wenn der Pudu zum Wasser flieht, wird er dort überwältigt und ins Boot gehoben. Durch den Fang- und Transportstreß (an Beinen gebunden auf offenem Boot oder Ochsenwagen) und Hitzeschock sterben so auch viele für die Gefangenschaftshaltung vorgesehene Tiere oder erreichen ihren Bestimmungsort bereits mit schweren Kreislaufschäden. Krieg (1925) beschreibt auch als Jagdmethode den Ansitz am Abend an den Äsungsstellen.

5.3. Der Nordpudu
Pudu mephistophiles

5.3.1. *Synonyme*

Gültiger wissenschaftlicher Name ist *Pudu mephistophiles* (de Winton, 1896). Synonyme sind:

Pudua mephistophiles de Winton, 1896
Pudella mephistophiles Thomas, 1913
Mazama fusca Spillmann, 1931.

Durch Übertragungsfehler kam es zu:

Pudua mephistopheles Thomas, 1908
Pudella mephistophelis Cabrera, et Yepes, 1940
Pudu mephistopheles Soukup, 1961
Mazama mephistopheles Flerov, 1952.

Diese Namen wurden von vielen anderen so übernommen. Lehmann (1945) beschrieb aus Kolumbien eine Unterart als *Pudu (Pudella) mephistophiles wetmorei*. Da die kolumbianischen Pudus sich nur sehr wenig von den Typusexemplaren der Nominatform aus Ecuador unterscheiden, ja von Exemplaren aus Gebieten weiter südlich (Cordillera de los Llanganates) nicht unterscheidbar sind, erscheint die Aufstellung einer eigenen Unterart nicht gerechtfertigt.

Wichtigster Trivialname ist Nordpudu (spanisch pudú de norte, englisch northern pudu, französisch Pudu du Nord). Daneben werden auch Kolumbischer Pudu, Peruanischer Pudu, Columbian Pudu, Ecuadorian Pudu oder im spanischen Venadito de los Páramos verwendet. Namen mit lokal begrenzter Bedeutung, die z. T. auch für *Mazama*-Arten verwendet werden, sind in Kolumbien venado conejo (Kaninchenhirsch), cacique (nur für Böcke im Bast), venado chonta (für dunkle Exemplare) venado churucu, churucho, in Ecuador und Peru sacha cabra (Wildziege), ollique (Ecuador) und antadllo (Peru).

5.3.2. *Merkmale*

Die Originalbeschreibung basiert auf einem Fell mit vollständigen Fußknochen, dem fälschlicherweise der Schädel eines halbwüchsigen Spießhirsches beigegeben war. Erst als 2 weitere Exemplare mit den dazugehörigen Schädeln eingesandt wurden, konnte Thomas (1908) den Irrtum aufklären. Da die Schädelunterschiede auch die entscheidenden Kriterien für die Aufstellung der eigenen Gattung bzw. Untergattung *Pudella* waren, ist deren Aufrechterhaltung nicht mehr gerechtfertigt.

Vom Aussehen des Nordpudus gibt Frädrich (1975) die folgende Beschreibung: „Der Kopf ist klein und rundlich, der Hals kurz und dick, die Beine sind ungewöhnlich kurz. Während die übrigen südamerikanischen Kleinhirsche auf Grund ihrer keilförmigen Gestalt vielfach wie Ducker wirken, bezeichnet man die niedriglänglichen Nordpudus besser als ‚Schleicher'. Ihre Afterklauen sind lang, die Vorderklauen gabelartig weit spreizbar: ein Hinweis darauf, daß sich die Tiere vorwiegend in feuchtweichem Gelände bewegen. Charakteristisch für diese Art ist das dunkel braunschwarze Gesicht, das insbesondere in der Vorderansicht vom gelblichgrauen bzw. ockerorangefarbenen Hals deutlich absticht und in Verbindung mit den rund 6 cm langen Spießen der Böcke wohl dazu beigetragen hat, ausgerechnet Mephisto als Vorbild für den Artnamen zu wählen . . . Die rundlichen Ohren sind innen grauweiß, außen schwarz behaart. Hals und Körper sind mit langen bräunlichgrauen Haaren bedeckt, die leicht abbrechen. Die Beine sind an der Außenseite braunschwarz, innen gelblich getönt". Nach Lehmann (1954 und 1959) werden in Kolumbien auch Teil- und Vollalbinos sowie glänzend rötliche und fast schwarze Exemplare gefunden.

Tabelle 6. Körpermaße von Nordpudus *Pudu mephistophiles*

Autor	Herkunft	Geschlecht	Kopf-Rumpf-Länge mm	Schwanz mm	Schulterhöhe mm	Stangen mm r/l	Körpermasse kg
Hershkovitz 1982	Purace (Kolumbien)	♂	620	30	320	56/45	–
		♀	665	45	405	–	–
		♂	710	–	–	51/–	–
	La Vega (Kolumbien)	♂	–	–	–	25/21	–
	Malvasa (Kolumbien)	♂	720	–	–	82/81	–
		♂	–	–	–	60/65	–
		♂	–	–	–	16/21	–
		♂	–	–	–	25/26	–
		♀	740	–	–	–	–
Frädrich 1975	Zoologischer Garten	♂	600	–	280	–	–
	Berlin (Berlin-West)	♀	580	–	280	–	6,000
	(Import Ecuador)	♀	650	–	280	–	5,800
		♀	600	–	290	–	=
	juv.	♀	220	–	110	–	0,400
Pohle (briefl.)	Tierpark Berlin	♂	680	35	–	52/45	5,800
	(Import Ecuador)	♂	580	–	–	–	3,300
		♀	660	30	–	–	3,400
		♀	700	20	–	–	5,200
	juv.	♀	320	20	–	–	0,373

Der Nordpudu ist der kleinste lebende Hirsch. Die Kopf-Rumpf-Länge liegt zwischen 60 und 74 cm. Der Schwanz ist sehr kurz oder fehlt. Über die Körpermasse erwachsener Nordpudus liegen Angaben zwischen 3,3 und 6 kg vor (Tab. 6).

5.3.3. *Verbreitung und Lebensraum*

Die Verbreitung des Nordpudus beschränkt sich auf die Wälder der gemäßigten Zone und die angrenzenden Páramos in Südkolumbien, Ecuador und Peru. Die Páramos sind sumpfige Savannen in den Hochanden über 3500 m, die mit Gras und Stauden – besonders dem Fraijelon (*Espeletia* spec.) – bestanden sind, die z. T. undurchdringliche Dickichte bilden. Die Páramos sind häufig den ganzen Tag in Nebel gehüllt, so daß die Temperaturen dann kaum über 10 °C steigen. Nachts sinken sie unter den Gefrierpunkt.

Während sich der Nordpudu in Kolumbien und Ecuador in den Dickungen der Páramos und den angrenzenden Wäldern in Höhen zwischen 3000 und 4000 m aufhält, bevorzugt er in Peru Waldgebiete in Höhen zwischen 2000 und 3000 m, in denen die Erle (*Alnus jorulensis*) vorherrscht, sowie isolierte Waldflächen in den trockeneren Habitaten der Hochtäler, meidet dagegen die kalten und feuchten Wälder und Dickichte auf den höchsten Erhebungen.

Zwischen den Verbreitungsgebieten der Populationen von Süd- und Mittelperu und denen von Ecuador und Südkolumbien gibt es ein Gebiet von etwa 1000 km Breite in Nordperu und Südecuador, in welchem Pudus bisher nicht nachgewiesen wurden. In den tieferen Lagen seines Biotopes treten *Mazama chunyi* und *Odocoileus virginianus* als Nahrungskonkurrenten des Nordpudu auf.

5.3.4. *Lebensweise*

Über die Lebensweise des Nordpudus ist fast nichts bekannt. Wegen seiner Seltenheit, der Abgeschiedenheit seines Lebensraumes und seiner Dämmerungs- und Nachtaktivität ist er fast nie zu sehen. Er lebt solitär oder paarweise. Es wird gewöhnlich ein ungeflecktes Kitz geboren, aber auch Zwillinge sollen vorkommen. Der Auffassung Hershkovitz's (1982), der das Fehlen der Fleckenzeichnung als Primitivmerkmal ansieht, kann allerdings nicht gefolgt werden. Ganz im Gegenteil muß die Jungtierfleckung oder -streifung bei den Paarhufern als ursprüngliches Merkmal angesehen werden und die Einfarbigkeit als abgeleitetes.

Voll ausgebildete Föten wurden bei im April und November gefangenen Weibchen festgestellt. Im Zoologischen Garten Berlin (Berlin-West) starb ein Weibchen am 11. Oktober 1972 mit einem voll ausgetragenen Jungtier im Körper. Frädrich (1975) gibt für dieses Tier eine Körpermasse von 400 g an.

Die einzige mir bekannte Geburt in einem Zoo erfolgte am 10. November 1970 im Tierpark Berlin-Friedrichsfelde. Dieses Junge wog 373 g (Pohle briefl.).

In der Dämmerung und Nacht kommen die Nordpudus zum Fressen auf die Lichtungen und Felder. Auf die Páramos kommen sie von den umgebenden Wäldern, um sukkulente Kräuter und Triebe zu fressen, die mit den ersten Regenfällen nach der Trockenzeit erscheinen. Wenn sie bei Tag aufgestört werden, sollen sie so benommen sein, daß man sie mit der Hand fangen kann. Lehmann (1945) beobachtete, daß die Nordpudus bei Verfolgung durch Hunde in einem „Webmuster“ durch das Dickicht fliehen. Um den Hunden zu entkommen, sollen sie sogar auf schrägstehende Bäume klettern. Auch Grimwood beobachtete, daß die Tiere auf der Flucht die Deckung nicht verlassen und im Kreis im Dickicht oder um die Felsen herum laufen. Dieses Fluchtverhalten erschwert die Jagd erheblich. Der Fang ist nur mit abgerichteten Hunden möglich.

Im Tierpark Berlin wurden beim Nordpudu Endoparasiten aus folgenden Gattungen nachgewiesen: *Trichostrongylus*, *Ostertagia*, *Oesophagostoma*, *Eimeria*. Lehmann (1959) fand beim kolumbianischen Nordpudu eine kleine Zecke aus der Gattung *Ixodes*, die der Art *montoyanum* ähnelt.

6. Bedeutung für den Menschen

6.1. Schäden an landwirtschaftlichen Kulturen

Über Schäden durch Spießhirsche an landwirtschaftlichen Kulturen wird gelegentlich berichtet. Schon 1835 berichtete Poeppig, daß die Indianer im unteren Maynas (Ostperu) ihre Pflanzungen gegen Tapire und Spießhirsche durch spitze schiefgestellte Palisaden aus dem harten Holz der Chonta-Palme schützen, an denen sich die Tiere beim Sprung aufspießen sollten.

Der Rote Spießhirsch sucht in der Dämmerung die Pflanzungen auf, um Melonentriebe, keimenden Mais, jungen Kohl, Paprika und besonders Bohnen (eines der wichtigsten Nahrungsmittel für die ärmere Bevölkerung in vielen Teilen Lateinamerikas) und andere Leguminosen zu fressen. Auf Trinidad verursachen die Spießhirsche beträchtliche Schäden in den Kakao- und Muskatnußpflanzungen.

Der Graue Spießhirsch sucht nachts besonders die Kakao-, Yerba- und Apfelsinenpflanzungen sowie Mais-, Maniok- und Batatenfelder auf.

Der Zwergmazama wird stark verfolgt, weil er im Winter die hochgelegenen Felder aufsucht, um dort Kartoffeln zu fressen.

Von den Pudus sind keine Schädigungen landwirtschaftlicher Kulturen bekannt.

6.2. Wirtschaftliche Nutzung

Das Fleisch der Spießhirsche und Pudus wurde sicher schon immer von den Indianern genutzt. Auch von den Siedlern werden die Spießhirsche und Pudus (trotz des gesetzlichen Schutzes) wegen ihres Fleisches bejagd. Während das Fleisch des Grauen Spießhirsches – besonders seine Leber – und das des Südpudus von Forschungsreisenden als zart und wohlschmeckend beschrieben werden, gehen die Ansichten über das Fleisch des Roten Spießhirsches auseinander.

Nach Presseberichten soll 1981 im brasilianischen Urwald bei Manaus eine Forschungsstelle eingerichtet worden sein, in der neben anderen Wildtieren auch der Rote Spießhirsch auf Eignung für eine Haltung in der Gefangenschaft oder Halbgefangenschaft zur Fleischgewinnung untersucht werden soll. Seine biologischen Voraussetzungen (solitäre Lebensweise, relativ hohe Ansprüche an die Qualität des Futters) scheinen allerdings nicht besonders erfolgversprechend für eine intensive wirtschaftliche Nutzung.

Die Nutzung des Felles hatte sicher bei den Ureinwohnern eine geringere Bedeutung. So berichtet Krieg (1959), daß die Toba-Indianer im Gran Chaco Lendenschurze aus ungegerbtem Spießhirschleder tragen. Auch stellen die Chaco-Völker aus dem Fell Mützen, Mäntel, Beutel und Mokassins her.

Die Haut des Roten Spießhirsches ist in der Lederindustrie sehr begehrt. Aus ihr werden die Lederbekleidung der Vaqueiros sowie Jagdtaschen, Sattelzeug u. ä. hergestellt. Nach Angaben Behrendt's werden aus der Provinz Loreto in Ostperu jährlich über Iquitos etwa 100000 Mazamafelle ausgeführt. Je kg Decke brachten sie 1959 5 Soles (etwa 1,– DM). Dagegen ist die dünnere und kleinere Decke von *Mazama gouazoubira* nach den Angaben der meisten Autoren wertlos. Nur Azara (1802) schreibt, daß man aus ihr Sämischleder herstelle. Housse schreibt, daß das Fell des Südpudu einen weichen und prächtigen Bodenbelag abgebe. Heute kommt dieser Nutzung sicher keine Bedeutung mehr zu.

Daß die Herstellung von Kitsch aus Teilen von Tieren keine Erfindung unseres Jahrhunderts ist, beweist eine Abbildung in Hallers Naturgeschichte der Thiere (1757) mit folgender Unterschrift: „Das kleine Amerikanische Hirschgen, mit dem in Gold eingefasten Fusse desselben von natürlicher Größe zum Tabakstopfen."

6.3. Verwendung für Kult und Schmuck der Indianer

Im Gran Chaco werden die Trommeln mit Spießhirschfell bespannt. Vielfältige „Musikinstrumente" werden aus den Spießhirschhufen hergestellt. An Fäden gebunden bilden sie eine Art „Glöckchen" von angenehmem Klang. Ein Bündel von ihnen an einen etwa 2 m langen Stab gebunden, ergibt einen „tönenden Stab", der als Rhythmusinstrument auf den Boden gestoßen wird. Die Vortänzer der Chamacoco-Indianer tragen um Fußknöchel und die linke Hand rasselnde Bündel aus Nandukrallen, Spießhirschhufen und Schalen junger Schildkröten. Bei anderen Chaco-Stämmen tragen die Tänzerinnen Gürtel aus Caraguatà-Fasern, an die Spießhirschhufe gebunden sind, so daß sie durch die Bewegungen des Körpers zum Klingen gebracht werden.

Früher waren bei den Indianerfrauen auch Armbänder aus Spießhirschfell und Hufen verbreitet. Sie dienten sowohl als Schmuck als auch bei Auseinandersetzungen untereinander. Mit den harten Klauen wurden der Gegnerin Schnittverletzungen beigebracht.

Auch die Spieße der Mazamas werden von den Indianern benutzt. So berichtet bereits Martius (1831) von einem bei den Amazonas-Indianern gebräuchlichen Mittel gegen Schlangengift. Dazu wird das Geweih der Spießhirsche auf Kohlen geröstet und mit Moschus aus den Halsdrüsen von Kaimanen beträufelt. Das

Pulver daraus wird eingenommen und der ganze Knochen auf die Wunde gebunden, aus der er das Gift aussaugen soll. In die Ohren gebracht soll das Mittel auch gegen Taubheit helfen.

In Nordargentinien ist die Verwendung der Spieße als Pfrieme gebräuchlich. So schreibt Krieg (1948), daß sich die Indianer des Gran Chaco gegen Ermüdung damit ganze Felder kleiner Stichwunden zufügen. Beatriz Marchetti (in Las corzuelas) meint, daß diese Indianer außer der Wirkung des Schröpfens auch einen magischen Zweck verfolgen. Das Einstechen der Spießhirschpfrieme soll Schnelligkeit und Beweglichkeit bewirken, bringt aber gleichzeitig die Gefahr, sich an den Pflanzen des Waldes zu verletzen.

6.4. Bedeutung in den Mythen und Märchen der Indianer

Die Tobas im Gran Chaco glauben, daß es Unglück bringe, wenn ein Spießhirsch als erstes Tier den Weg eines Jägers überquert. Der Jäger würde sich unweigerlich im Busch verirren. Wahrscheinlich hängt das damit zusammen, daß der Spießhirsch nach dem Glauben der Tobas dem „Herrn des Waldes" gehört, der es erlaubt, daß die Tiere gejagt werden, aber immer nur ein Tier je Jagd. Auch die Tupi in Nordostbrasilien kennen einen Herrn des Waldes, Korupira, der in Rio Grande do Norte einen Spießhirsch als Reittier benutzt (Sälzle 1965).

Andere Stämme des Chaco kennen eine Mutter der Spießhirsche (Madre de los Guasunchos), ein Zwitterwesen mit weißem Gesicht und menschlichen Brüsten aber mit Spießhirschkörper.

Bei den Matacos straft Tsonahais, der Herr des Spießhirsches, den Jäger, der sich nicht an die Regeln hält. Er verwandelt sich in Wind oder Nebel, dringt in den Körper ein und macht den Menschen krank. Der Jäger verirrt sich, oder er wird ängstlich wie ein erschreckter Spießhirsch.

Eine Legende der Tobas über die Entstehung der Tiere berichtet das folgende: Ein Mann hatte eine als räudiger Hund verkleidete Gottheit aufgenommen und gut behandelt. Zum Dank dafür konnte er sich mit seiner Familie bei der Vernichtung der Welt durch ein Feuer in eine Pfütze retten. Dort sollten sie abwarten. Trotzdem verließen viele vorzeitig die Pfütze und wurden in Tiere verwandelt. Eine Frau – nach einigen Versionen die beste Jungfrau – verwandelte sich in einen Spießhirsch und wurde la Madre de los Guasunchos.

In Leben und Vorstellungen der Ackerbau betreibenden Araukaner hatte der gelegentlich zufällig erlegte Pudu nur eine geringe Bedeutung. Nach ihren Vorstellungen soll der Pudu, wenn er verfolgt wird, auf 12 Umwegen zum Ausgangspunkt zurückkehren. Dieses Wissen solle den Fang wesentlich erleichtern.

In den Märchen tritt der Pudu nur als Nebenfigur auf. Einmal gibt er als ängstliche Person dem Puma darüber Auskunft, welchen Weg der Fuchs genommen hat.

In einem anderen Mapuche-Märchen verwandelt eine Frau die Frau und den Sohn ihres Bruders in Kuh und Kalb, um sie zu opfern. Der Bruder entdeckte aber rechtzeitig den Schwindel und verwandelte seine Schwester. Da es aber sein eigenes Fleisch und Blut war, sollte es ein nettes Tier sein, ein Hirschchen, „un animalito hermoso, chiquitito como una liebre" (ein schönes Tierchen, klein wie ein Hase).

7. Gefangenschaftshaltung

In ihrer Heimat wurden Spießhirsche sicher schon immer gelegentlich gehalten. So berichtet 1830 Rengger aus Paraguay: „Der Rote Spießhirsch läßt sich zähmen wie unser Reh, ist aber nicht so gutartig wie dieses, indem er zuweilen Menschen und Thiere anfällt und sie durch Stöße mit dem Kopf oder durch Aushauen mit den Vorderfüßen zu verletzen sucht . . . Die Grauen Spießhirsche werden nicht selten von den Landleuten aufgezogen und gezähmt, hält man sie aber nicht angebunden, oder in einem Hof eingeschlossen, so richten sie häufig in den Pflanzungen Schaden an. Solange sie jung sind, entfliehen sie nicht; später aber entfernen sie sich immer mehr von der Wohnung und bleiben zuletzt ganz weg. Jedoch vergessen sie ihren alten Aufenthaltsort nicht völlig, denn ich sah ein Weibchen, welches 10 Monate früher entflohen war, in seiner ehemaligen Wohnung Schutz gegen einige Hunde suchend, von denen es verfolgt wurde".

In der Mitte des vorigen Jahrhunderts gab es verschiedene Spießhirsche in der Menagerie der Zoologischen Gesellschaft in London, in der Menagerie von Lord Derby in Knowsley Hall und im Zoo Frankfurt am Main.

Heute werden Spießhirsche in verschiedenen Zoos Lateinamerikas, Europas und der USA gehalten. Dabei handelt es sich fast ausschließlich um Unterarten vom Roten und vom Grauen Spießhirsch.

Der Großmazama scheint trotz seiner tropischen Herkunft gut an das gemäßigte Klima akklimatisierbar zu sein. Beim Grauen Spießhirsch, der zierlicher gebaut und leichter ist, und somit eine größere relative Oberfläche hat, scheint die Kälteempfindlichkeit sehr von der Unterart abhängig zu sein. Aber auch akklimatisierten Tieren sollte stets eine frostfreie Unterkunft zur Verfügung stehen. In einigen Zoos werden dem Roten Spießhirsch Suhlen oder Badegelegenheiten angeboten. Sie scheinen aber für das Wohlbefinden der Tiere nicht notwendig zu sein. Wichtig sind dagegen Deckungsmöglichkeiten und Schutz vor starker Sonneneinstrahlung. Eine Vergesellschaftung mit anderen Arten ist in einigen Zoos üblich. Eine gemeinsame Anlage mit südamerikanischen Urwaldvögeln kann zwar für die Besucher sehr eindrucksvoll sein, bringt aber hygienische Probleme durch die schwierige Reinigung der Anlage und erhöhte Ansteckungsgefahr mit sich. Auch können die Vögel Zwischenwirte für verschiedene Parasiten sein.

Die Fütterung der Mazamas ist in den einzelnen Zoos unterschiedlich, doch wird allgemein qualitativ hochwertig und abwechslungsreich gefüttert, wie bei anderen vorwiegend laubfressenden Arten (z. B. Rehe, einige Antilopen). Neben blattreichem Heu (besonders Luzerneheu) oder Grünfutter (Gras, Kräuter, Zweige) werden Obst und Gemüse sowie Kraftfutter gegeben. Dem Kraftfutter werden gewöhnlich Vitamin- und Mineralstoffpräparate zugefügt.

Obwohl die Verträglichkeit der Tiere untereinander individuell verschieden ist, empfiehlt es sich nicht, mehr als ein erwachsenes Männchen in der Gruppe zu halten, um gegenseitige Verletzungen auszuschließen. Außerdem sollten Stall und Gehege genügend Ausweichmöglichkeiten bieten, so daß sich bedrängte Tiere jederzeit zurückziehen können. Gewöhnlich brauchen die Mütter zur

Jungenaufzucht nicht abgesperrt zu werden. Es können sich auch andere Gruppenmitglieder an der Pflege der Jungen beteiligen.

Als Haltungsrekord nennt Crandall (1964) für *Mazama americana* 9 Jahre 5 Monate und 13 Tage, für *Mazama gouazoubira* 9 Jahre 7 Monate und 1 Tag. Jones (1982) gibt für *Mazama americana* und damit für die Gattung einen Rekord von 13 Jahren und 10 Monaten an.

Bereits bei der Erstbeschreibung des Pudu durch Molina (1782) wird seine Haltung erwähnt: „Die Einwohner fangen sie alsdenn, sowohl um sie zu essen, als sie in ihren Häusern aufzuziehen. Vorzüglich Knaben zähmen sie gern zum Scherz, weil sie sehr gelehrig sind und sich leicht zu allen Einfällen der munteren Jugend bequemen" (Text der deutschen Ausgabe von 1786).

Bereits 1830 lebte ein Puduweibchen länger als 12 Monate in der Menagerie der Zoologischen Gesellschaft von London.

In Chile wurden in der ersten Hälfte dieses Jahrhunderts noch relativ häufig Pudus von Tierliebhabern gehalten. Als Beispiel sollen die Erfahrungen Martins zitiert werden: „Dort habe ich mir oft solche hübschen Tiere gehalten. Sie gewöhnen sich leicht an die Hausbewohner. Eines der Pudus lief mir immer nach. Als ich es aus meinem Zimmer ausschloß, und es mich hinter einem etwas niedrigen Fenster sah, schlug es mit einer Vorderpfote in das Glas und schnitt sich dabei in das Gelenk über dem Hufe. Wenige Tage nachher starb es an der kleinen Wunde. Überhaupt gehen diese Zwerghirsche sehr leicht ein. Wir ernährten dieselben mit Gras, Küchenabfällen, besonders aber mit Quila-Zweigen, also mit Blättern der dortigen bambusartigen Gramineen. Noch lieber fraßen sie Fuchsienzweige, und es ist anzunehmen, daß diese zarten Schößlinge im Walde eines ihrer wichtigsten Nahrungsmittel darstellen. Allen anderen Kräutern zogen unsere Pudus aber Nelken vor. Wenn ein solcher Zwerghirsch den Gartenzaun überspringen oder unter demselben durchkriechen konnte, ging er immer zu diesen Blumen und fraß die Nelkenblätter und Stengel ab. – Vor den Hunden fürchteten sich die Pudus gar nicht; sie schlugen den größten Neufundländer so empfindlich mit den spitzen Vorderhufen ins Gesicht, daß er es nicht wieder wagte, dem Zwerghirsch entgegenzutreten. Was eigentlich die Ursache des frühzeitigen Todes aller dieser Tierchen war, habe ich nicht erfahren können".

In den letzten Jahren gab es Südpudus außerhalb ihrer Heimat nur in einigen europäischen Zoos (Antwerpen, Berlin-West, Erfurt, Hellenthal, Köln, London, Rotterdam und Wuppertal) sowie seit 1983 im Bronx-Zoo New York. Nordpudus lebten nur für kurze Zeit im Zoologischen Garten Berlin-West und im Tierpark Berlin-Friedrichsfelde.

Die Haltung der Pudus ähnelt der der Spießhirsche. Im Gegensatz zu diesen sind sie winterhart und benötigen keinen geheizten Stall. Allerdings erweist sich eine frostfreie Stelle zur Fütterung als günstig. Dagegen sind sie sehr hitzeempfindlich und brauchen unbedingt Schutz gegen starke Sonneneinstrahlung. Die jahreszeitliche Umstellung von der Süd- auf die Nordhalbkugel erfolgt sehr schnell. Da Pudus Kot und Harn plaziert absetzen, können die Gehege mit natürlichem Bewuchs gestaltet werden, ohne daß eine Parasitenanreicherung zu befürchten ist.

Auch erwachsen gefangene Pudus werden bei ruhigem und vernüftigem Umgang im allgemeinen schnell zahm. Daß ein an einen Pfahl gebundener erwachsener Wildfang so lange Befreiungsversuche unternahm, bis er vor Erschöpfung starb, wie das Osgood (1943) beschreibt, kann keinen Tiergärtner wundern. Gegen Streß sind Pudus sehr anfällig.

In der Ernährung sind Pudus noch wählerischer als Spießhirsche. Der Heufütterung kommt nur geringe Bedeutung zu. Es wird lediglich ganz wenig Luzerneheu oder blattreiches Gebirgsheu aufgenommen. Wichtigstes Nahrungsmittel ist Laub in frischem oder getrocknetem Zustand sowie Obst und Gemüse. Daneben werden auch Eicheln und Kraftfutter unterschiedlicher Zusammensetzung gefüttert.

Da Pudus sehr anfällig gegen Infektionskrankheiten sind, ist eine Vergesellschaftung mit anderen Tieren nicht empfehlenswert.

Als Haltungsrekord nennt Frädrich (1980) für den Südpudu 14 Jahre.

8. Status in den Heimatländern und Schutzmaßnahmen

8.1. Die Spießhirsche

Wegen ihrer guten Anpassungsfähigkeit und versteckten Lebensweise sind die beiden großen Mazamaarten in ihrem Gesamtbestand nicht bedroht, ja in einigen Gebieten sind sie sogar zu Kulturfolgern geworden. So wird durch die Rodung des Waldes der Lebensraum des Grauen Spießhirsches zum Teil beträchtlich erweitert (allerdings zu Lasten des Roten). Lediglich Teilpopulationen sind in ihrem Bestand gefährdet. So wird im Anhang 3 des Washingtoner Artenschutzabkommens, eines 1973 abgeschlossenen internationalen Abkommens über den Handel mit bedrohten Tier- und Pflanzenarten, *Mazama americana cerasina* als in Guatemala bedrohte Unterart des Roten Spießhirsches geführt.

Obwohl die kleinen Spießhirschformen – wahrscheinlich mit Ausnahme des Bororós – zur Zeit noch nicht bedroht sind, scheint doch in absehbarer Zeit durch Erschließung und stärkere Besiedlung der abgelegenen Gebirgsregionen und damit verbundener Zerstörung des Lebensraumes und verstärkter Bejagung ihre Zukunft eher fraglich. Wegen der Schäden an den Kartoffelfeldern in den Gebirgstälern wird der Zwergmazama schon jetzt in einigen Gebieten ziemlich stark verfolgt.

8.2. Die Pudus

Stärker gefährdet ist bereits jetzt der Nordpudu. Er wird schon im Anhang 2 des Washingtoner Abkommens geführt. Seine Gesamtpopulation ist unbekannt. In Kolumbien ist er selten, der Bestand nimmt durch Bejagung stark ab. Aus Ecuador sind nur wenige Exemplare bekannt. In Peru kommen zusätzlich zur Jagd noch erhebliche Habitatzerstörungen hinzu. Gesetzlichen Schutz genießt der Nordpudu in Kolumbien in den Nationalparks Puracé und Las Farallones de Cali und eventuell auch im Condor Fauna Sanctuary, in Ecuador in der Reserva Nacional Ecuadorial, der Reserva Cotopaxi (Vorkommen zweifelhaft), der Reserva Angel Páramo und dem Sangay Park (Vorkommen zweifelhaft). Weitere Schutzgebiete – besonders in Peru – sind unbedingt erforderlich.

Noch stärker gefährdet ist der Südpudu. Er hat in historischer Zeit 90 % seines Lebensraumes durch die landwirtschaftliche Nutzung verloren. Obwohl er sowohl in Chile als auch in Argentinien gesetzlich geschützt ist, wird er weiterhin stark verfolgt. Neben direkter Verfolgung durch den Menschen ist er besonders durch wildernde Hunde bedroht. Schädlich wirkte sich auch die Einbürgerung exotischer Hirsche (Rothirsch, Damhirsch) sowie der Kontakt mit Haustieren und die Ansteckung mit Viehseuchen (z. B. MKS) aus.

Der Südpudu wird als stark gefährdete Art im Rotbuch der internationalen Naturschutzorganisation IUCN und im Anhang 1 des Washingtoner Abkommens geführt. Neben den besonders in Chile wenig kontrollierten Schutzmaßnahmen werden zum Teil in privater Initiative und mit Hilfe ausländischer Naturschutzorganisationen Zuchtbemühungen in Gefangenschaft oder Halbgefangenschaft unternommen. So wurden mit Unterstützung der Zoologischen Gesellschaft in New York ein Zuchtzentrum auf der Insel Victoria im Nahuel Huapi Nationalpark (Argentinien) und eines auf der Ranch La Dehesa bei Santiago (Chile) eingerichtet. Auch auf der privaten Insel Margarita im See Todos los Santos (Chile) lebt eine kleinere Gruppe von Pudus.

Für die in Zoos gehaltenen Pudus wird im Zoologischen Garten Antwerpen ein internationales Zuchtbuch geführt. Ein weiterer Schritt zur besseren Koordinierung der Puduzucht und zur Auslastung der Zuchtkapazität wurde von den zoologischen Gärten von Antwerpen, Köln, London und Rotterdam unternommen. Sie schlossen sich zu einem „Trust“ zusammen und vereinbarten, daß bei Verlust von Zuchttieren in einem Zoo die anderen Partner so schnell wie möglich ein Ersatztier liefern. So soll vermieden werden, daß zuchtfähige Weibchen wegen des Mangels an einem geeigneten Bock über eine oder mehrere Zuchtperioden ohne Nachwuchs bleiben. Ohne wirksamen Schutz in seiner Heimat wird der Südpudu sicher auf Dauer nicht überleben können.

9. Literaturverzeichnis

Allen, J. A. (1915): American Deer of the Genus *Mazama*.- Bull. Amer. Mus. Nat. Hist. 34, Art. 18. New York; Anonymus (1933): Nachrichten aus zoologischen Gärten. - Zool. Garten N. F. 6: 140; Anonymus (1980): Nabelschwein und Spießhirsch als Zuchttiere? - Urania 12: 60; Asdell, S. A. (1964): Patterns of Mammalian Reproduction. Ithaca, New York; Ayres, J. M., u. C. Ayres (1979): Aspectos da casa no alto rio Aripuana. - Acta Amazonica 9 (2): 287–298; Azara, F. de (1802): Apuntamientos para la historia natural de los quadrúpedos del Paragüay y Rio de la Plata. Bd. 1. Madrid, S. 29–60; dgl. (1810): Reisen in Süd-Amerika von Don Felix de Azara in den Jahren 1781 bis 1810. Leipzig

Bănărescu, P., u. N. Boşcaiu (1978): Biogeographie. Jena; Bancroft, E. (1769): Naturgeschichte von Guiana in Süd-Amerika. Frankfurt u. Leipzig; Behrendt, G. (1959): Alle Wasser fließen zum Amazonas. Hamburg u. Berlin; Benirschke, K. (1977): Genetic management. - Int. Zoo Yb. 17; Bennett, E. T. (1830): Characters of a New Species of Deer (*Cervus* L.). - Proc. Comm. Zool. Soc. London; Branan, W. V., M. C. M. Werkhoven, u. R. L. Marchinton (1985): Food Habits of Brocket and White-tailed Deer in Suriname. - J. Wildl. Man. 49 (4): 972–976; dgl., u. R. L. Marchinton (1985): Biology of Red Brocket Deer in Suriname with Emphasis on Management Potential. Biology of Deer Production. - Bull. R. Soc N. Zealand 22: 41–44; dgl., u. R. L. Marchinton (im Druck): Reproductive ecology of white-tailed and red brocket deer in Suriname. Biology and Management of Cervidae Conf. Smithsonian Institute, Front Royal, Virginia; Brooke, V. (1878): On the Classification of the Cervidae, with the Synopsis of existing Species. - Proc. Zool. Soc. London: 883–928; Bruzone, J. H. (1984): Estación de recría *Pudu pudu*, isla Victoria, Parque Nacional Nahuel Huapi Historia. - Revista Mus. Argent. Cienc. Nat. 13 (29); Bubenik, A. B. (1966): Das Geweih. Hamburg u. Berlin; Bürger, O. (1923): Acht Lehr- und Wanderjahre in Chile. Leipzig; Buffon, H. L. de (1787): Herrn von Büffons Naturgeschichte der vierfüßigen Thiere. Bd. 12. Berlin; Burmeister, H. (1854): Systematische Übersicht der Thiere Brasiliens. Bd. 1. Berlin, S. 310–319; Burton, H., u. R. Burton (1972): Grand dictionnaire des animaux. Bd. 3. Geneve, S. 581–583

Cabrera, A. (1943): Sobre la Sistemática del Venado y su Variación Individual y Geográfica. - Revista Mus. la Plata III Zool.: 5–41; dgl. (1957–1961): Catalogo de los Mamiferos de America del Sur. Buenos Aires, S. 324–344; dgl., u. J. Yepes (1960): Mamiferos Sudamericanos. Buenos Aires; Carette, E. (1922): Cérvidos actuales y fósiles de Sud América. - Revista Mus. la Plata; Carlsson, A. (1926): Über die Tragulidae und ihre Beziehungen zu den übrigen Artiodactyla. - Acta Zool. Stockholm 7: 69–100; Ceballos Bendezu, I.(1959): Notas sobre los Micromamiferos de Perú. - Revista Univ. Cuzco 49 (117): 265–269; Churcher, C. S. (1962): *Odocoileus salinae* and *Mazama* sp. from the Talara tar seeps, Peru. Royal Ontario Museum Toronto; Crandall, L. S. (1964): Wild Mammals in Captivity. Chicago u. London, S. 594–595; Czernay, S. (1977): Zur Haltung und Zucht von Südpudus (*Pudu pudu* Molina 1782) im Thüringer Zoopark Erfurt, - Zool. Garten N. F. 47: 226–240; dgl. (1982): Zur Gefangenschaftsbiologie der neotropischen Kleinhirsche

(Gattung *Mazama* Rafinesque, 1817) unter besonderer Berücksichtigung der im Thüringer Zoopark Erfurt gehaltenen Südpudus (*Mazama pudu* [Molina, 1782]). Diss. Erfurt/Mühlhausen

Dobroruka, L. J. (1967): Ein weiteres Exemplar von *Mazama chunyi* Hershkovitz, 1959. - Mitt. Zool. Mus. Berlin 43 (2): 205–208; dgl. (1975): Verlauf des Haarwechsels bei einigen Hirschen II (Artiodactyla: Cervidae). - Věstn. Českosl. Spol. Zool. 39 (2): 94–103; Dolan, J. M., u. M. Moran (1969): Historical List of Mammalia Exhibited in the San Diego Zoological Garden. - Zool. Garten N. F. 37: 48–63; Dorner, H. (1872): Nachrichten aus dem zoologischen Garten in Hamburg. - ebd. 13: 72–76

Enders, R. K. (1930): Notes on some Mammals from Barro Colorado Island, Canal Zone. - J. Mammal. 11 (3): 280–292; Erxleben, J. C. P. (1777): Systema Regni Animalis per classes, ordines, genera, species, varietates cum synonyma historia animalium. Leipzig

Fauna Argentina: Bd. 12. El pudú. Buenos Aires, 1983; Fauna Argentina Bd. 77. Las corzuelas. Buenos Aires, 1985; Flerov, K. K. (1950): Morfologija i ekologija eleneobraznych v processe ich evolucii. — Mater. četvertičnomu periody SSSR 2: 50–59; dgl. (1952): Fauna SSSR, Mlekopitajuščie, Kabargi i Oleni. Moskau–Leningrad; Flower, S. S. (1929): List of the Vertebrated Animals exhibited in the Gardens of the Zoological Society of London 1828–1927. London; Flower, W. H. (1875): On the Structure and Affinities of the Mush Deer (*Moschus moschiferus*, Linn.). - Proc. Zool. Soc. London: 159–190; Frädrich, H. (1970): Zum Fang des Wolltapirs (*Tapirus pinchaque* Roulin 1829). - Zool. Garten N. F. 38: 281–296; dgl. (1974): Notizen über seltener gehaltene Cerviden, Teil I. - ebd. 44; 189–200; dgl. (1975): Notizen über seltener gehaltene Cerviden, Teil II. - ebd. 45: 67–77; dgl. (1980): Breeding endangered cervids in captivity. - Int. Zoo Yb. 20: 80–89; Friedel, E. (1872): Thierleben und Thierpflege in Holland und England. - Zool. Garten 13: 353–364

Gardner, A. L. (1971): Postpartum Estrus in a Red Brocket Deer *Mazama americana*, from Peru. - J. Mammal. 52 (3): 623–624; Gay, C. (1847): Historia fisica y politica de Chile. Paris u. Santiago; Gloger, C. W. L. (1842): Gemeinnütziges Hand- und Hilfsbuch der Naturgeschichte. Breslau; Gray, A. P. (1954): Mammalian Hybrids. Commonwealth Agricultural Bureaux. Farnham Royal, Bucks; Gray, J. E. (1850): Gleanings from the Menagerie and Aviary at Knowsley Hall Hoofed Quadrupeds. Knowsley; dgl. (1852): Synopsis of the Species of Deer (Cervina), with the Description of a New Species in the Gardens of the Society. - Ann. mag. nat. hist., 2. serie 9. London; Greer, J. K. (1965): Mammals of Malleco Province, Chile. - Publ. Mus. Michigan Biol. (2): 49–152; Grimwood, I. R. (1969): Notes on the distribution and status of some Peruvian mammals 1968. - Spec. Publ. 21. N. York Zool. Soc.

Hall, E. R. (1981): The Mammals of North America. New York, Chichester, Brisbane, Toronto; Haller, J. S. (1757): Die Naturgeschichte der Thiere in Sistematischer Ordnung. Die Vierfüßigen Thiere, welche lebendige Junge zur Welt bringen; nebst der Geschichte des Menschen. Berlin; Haltenorth, T. (1963): Klassifikation der Säugetiere, - Handb. Zool. 1 (18): 47–48; Heck, L. (1968): Hirsche, In: Grzimeks Tierleben. Bd. 13. Zürich; Hellmich, W. (1940): Die Bedeutung des Andenraumes im biogeographischen Bilde Südamerikas. In: Tier und Umwelt in Südamerika. Hamburg; Hendrichs, H. (1977): Untersuchungen zur Säugetierfauna in einem paläotropischen und einem neotropischen Bergregenwaldgebiet. - Säugetierk. Mitt. 25 (3): 214–225; Hensel, R. (1872): Beiträge zur Kenntnis der Säugethiere Süd-Brasiliens. - Abh. Ak. Wiss. Berlin: 1–130; dgl. (1879): Beiträge zur Kenntnis der Thierwelt Brasiliens. Die Hirsche. - Zool. Garten 20: 3–10; Hermann, R. (1921): Seltene Geweihmißbildungen und das Vorkommen von Geweihparasiten bei südamerikanischen Hirschen. - Dtsch. Ver. Wiss. Kunst Sao Paulo **2**: 85–95; Hernandez, F. (1651): Nova Plantarum Animalium et Mineralium Mexicanorum Historia. Roma; Hershkovitz, P. (1951): Mammals from British Honduras, Mexico, Jamaica and Haiti. - Fieldiana Zool. **31**: 567; dgl. (1958): The Metatarsal glands in White-tailed Deer. - Mammalia 22: 538–546; dgl. (1958): A Geographic Classification of Neotropical Mammals. - Fieldiana Zool. 36 (6): 583–620; dgl. (1959): A New Species of South American Brocket, Genus *Mazama* (Cervidae). - Proc. Biol. Soc. Washington 72: 45–54; dgl. (1959): A New Race of Red Brocket Deer (*Mazama americana*) from Colombia. - ebd. 72: 93–96; dgl. (1969): The evolution of mammals on southern continents: VI The recent mammals of the neotropic region: a zoogeographic and ecological review. - Quart. Rev. Biol. 44 (1): 1–70; dgl. (1982): Neotropical Deer (Cervidae) Part I Pudus Genus *Pudu* Gray. - Fieldiana Zool. N. S. 11: 1–86; Hick, U. (1967/68): Geglückte Aufzucht eines Pudus im Kölner Zoo. - Freunde Köln. Zoo 10: 111–117; dgl. (1969): Succesful raising of a pudu *Pudu pudu* at Cologne Zoo. - Int. Zoo Yb. 9: 110–112; Hilzheimer, M. (1916): Paarhufer (Artiodactyla). In: Brehms Tierleben. Bd. 13. Leipzig u. Wien; Honacki, J. H., K. E. Kinman, u. J. W. Koeppl (1982): Mammal Species of the World. Lawrence, Kansas; Housse, P. R. (1953): Animales salvajes de Chile en su clasificación moderna su vida y costumbres. - Edic. Univ. Chile; Husson, A. M. (1978): The Mammals of Suriname. Leiden

Illiger, J. C. W. (1815): Ueberblick der Säugethiere nach ihrer Vertheilung über die Welttheile. - Abh. Ak. Wiss. Berlin: 39–159

Jones, M. L. (1982): Longevity of Captive Mammals. - Zool. Garten N. F. 52: 113–128; Junge, C. (1932): Puduhirsche sind sehr hitzeempfindlich. - ebd. **5**: 241; dgl. (1966): Pudu *Pudu pudu* at Chillan Viejo Zoo. - Int. Zoo Yb. 6: 263–264; dgl. (1973): Pudu. La voz del Jardin Zoologico Chillán Viejo; dgl. (1974): Haushunde töten in Chile Pudus. - Das Tier 8: 63; dgl. (1977): S. O. S. Pudú. - La voz del Jardin Zoologico Chillán Viejo; Jungius, H. (1974): Beobachtungen am Weißwedelhirsch und an anderen Cerviden in Bolivien. - Z. Säugetierk. 39 (6): 373–383

Koch, K. D. (1984): Argentinien schützt seine letzten Pudus. - Das Tier 1: 10; Kohls, G. M. (1969): *Ixodes taglei* n. sp. (Acarina: Ixodidae) a Parasite of the Deer *Pudu pudu* (Wol.) in Chile. - J. Med. Ent. 6 (3): 280–283; Koulischer, L., J. Tyskens, u. J. Mortelmans (1972): Mammalian Cytogenetics VII The Chromosomes of *Cervus canadensis*, *Elaphurus davidianus*, *Cervus nippon* (Temminck) and *Pudu pudu*. - Acta Zool. Pathol. Antverpensia 56: 25–30; Krieg, H. (1925): Biologische Reisestudien in Südamerika V. Die chilenischen Hirsche. - Z. Morphol. Ökol. Tiere 4 (4): 585–597; dgl. (1939): Von den Anden Boliviens bis zum Atlantik. - Z. Ges. Erdk., S. 14–39; dgl. (1940): Tiergeographische und ökologische Betrachtungen und Probleme in Südamerika. In: Tier und Umwelt in Südamerika, Ibero-amerikan. Inst. Hamburg; dgl. (1940): Als Zoologe in Steppen und Wäldern Patagoniens.

München u. Berlin; dgl. (1948): Zwischen Anden und Atlantik. München; dgl. (1959): Begegnungen mit Tieren und Menschen. Hamburg u. Berlin; Krumbiegel, I. (1942): Die Säugetiere der Südamerika-Expedition Prof. Dr. Kriegs 16. Sumpf- u. Pampashirsche. - Zool. Anz. 138: 49–70; dgl. (1949): Die phylogenetische Interpretation von Verhaltensweisen. - Verh. Dtsch. Zool. Ges. Kiel 1948, S. 290–294; Kühlhorn, F. (1953): Säugetierkundliche Studien aus Süd-Mattogrosso 1. Teil. - Säugetierk. Mitt. 1: 115–122; dgl. (1955): Säugetierkundliche Studien aus Süd-Mattogrosso 4. Teil. - ebd. 3 (4): 156–164

Lataste, F. (1924): Les Bois des Daguets. - Revista Chilena Hist. Nat.: 10–11; Lehmann, F. C. (1945): Un venado del subgénero *Pudella* nuevo para la Ciencia. - Revista Univ. Cauca (Popayán, Colombia) Zool. 6: 76–79; dgl. (1959): *Pudu mephistophiles wetmorei* Lehmann Venado Conejo. - Noved. Colombianas (4); dgl.: (1960): Notas adicionales sobre *Pudu mephistophiles wetmorei* Lehmann. - ebd. 1 (5): 280–283; Leopold, A. S. (1959): Fauna silvestre de Mexico. Berkeley; Lönnberg E. (1918): On some Mammals from the Argentine Chaco. - Ark. Zool. 12 (10): 1–20; Lydekker, R. (1898): The Deer of all Lands. Rowland Ward

Mac Namara, M. (1980): A Cooperative Captiv-breeding Programm for the Southern Pudu (*Pudu pudu*) in Argentina. - AZZPA Regional Workshop Proc.; dgl. (1983): Preserving the Pudu. - Animal Kingdom: 42–44; Mann, W. M. (1930): Wild Animals in and out of the Zoo. - Smithson. sci. ser. 6; Marcgrave von Liebstad, G. (1648): Historiae rerum naturalium Brasilia libri octo. Lugdum Batavorum; Martin, C. (1923): Landeskunde von Chile. Hamburg; Martius, C. F. P. von (1831): Reise in Brasilien auf Befehl Sr. Majestät Maximilian Joseph I. Königs von Bayern in den Jahren 1817 bis 1820 gemacht. München; Matthew, W. D. (1908): Osteology of *Blastomeryx* and Phylogeny of the American Cervidae. - Bull. Amer. Mus. Nat. Hist. 24: 535–562; Meunier, K. (1964): Die Knickungsverhältnisse des Cervidenschädels mit Bemerkungen zur Systematik. - Zool. Anz. 172: 184–216; Miranda Ribeiro, A. de (1918): Os veados do Brasil secundo as colleccões rondon e de varios museus nacionales e estrangeiros. - Revista Mus. Paul.; Molina, G. I. (1782): Saggio sulla storia naturale del Chili. Bologna; Molina, J. I. (1786): Versuch einer Naturgeschichte von Chili. Leipzig; Müller-Using, D., u. R. Schloeth (1967): Das Verhalten der Hirsche (Cervidae). - Handb. Zool. 8, 10 (28)

Nehring, A. (1884): Die Cerviden der Gegend von Piracicaba in Brasilien. - SB. Ges. naturf. Fr. Berlin 8: 115–137; dgl. (1884): Über eine kleine Spiesshirsch-Species (*Coassus Sartorii*) aus der Provinz Vera Cruz in Mexiko. - ebd. 10: 199–203; dgl. (1886): Katalog der Säugetiere der Zoologischen Sammlung der Königlichen Landwirtschaftlichen Hochschule in Berlin. Berlin, S. 91–92; Neitzel, H. (1979): Chromosomenevolution in der Familie der Hirsche (Cervidae). - Bongo Berlin 3: 27–38; Neveu-Lemaire, M., u. G. Grandidier (1907): Les Cervidés de la Cordillère des Andes. - C. R. Ass. Franc. ci. 35: 482–495; Nowak, R. M., u. J. L. Paradiso (1983): Walkers Mammals of the World. Baltimore u. London

Ochsenius, C. (1884): Chile, Land und Leute. Leipzig u. Prag; Osgood, W. H. (1943): The Mammals of Chile. - Field Mus. Nat. Hist. Chicago 30: 228–231

Pelzeln, A. von (1883): Brasilische Säugethiere Resultate von Johann Natterer's Reisen. Wien, S. 82–86; Pocock, R. I. (1910): On the Specialised Cutaneous Glands of Ruminants. - Proc. Zool. Soc. London: 939–972; dgl. (1912): On Antler-Growth in the Cervidae, with special reference to *Elaphurus* and *Odocoileus* (*Dorcelaphus*). – ebd.: 773–783; dgl. (1923): On the External Charakters of *Elaphurus*, *Hydropotes*, *Pudu* and other Cervidae. - ebd.: 181–207; Poeppig, E. (1835): Reise in Chile, Peru und auf dem Amazonenstrome während der Jahre 1827–1832. Leipzig; dgl. (1851): Illustrirte Naturgeschichte des Thierreichs. Bd. 1. Naturgeschichte der Säugethiere. ebd.; Prjadko, E. I. (1972): O sistematičeskom statuse roda kosul' (*Capreolus*) v svete gelmintologičeskich dannych. - Zool. Žurn. Moskau 51: 1092–1093

Reiche, C. (1903): La Isla de la Mocha. - An. Mus. Nac. Chili; Rengger, J. R. (1830): Naturgeschichte der Säugetiere von Paraguay. Basel; Rütimeyer, L. (1881): Beiträge zu einer natürlichen Geschichte der Hirsche II. - Abh. Schweiz. Pal. Ges. 8; dgl. (1883): Beiträge zu einer natürlichen Geschichte der Hirsche. - ebd. 10; dgl. (1885): Studien zu der Geschichte der Hirschfamilie. I Schädelbau. - Verh. Naturf. Ges. Basel: 3–61; dgl. (1885): Studien zu der Geschichte der Hirschfamilie. II Gebiß. - ebd.: 399–464; Ryan, R. M. (1960): Mamiferos colectados en Guatemala en 1954. - Acta Zool. Mexicana 4: 1–18; dgl. (1963): The Biotic Provinces of Central America. ebd.: 1–54

Sälzle, K. (1965): Tier und Mensch, Gottheit und Dämon. München, Basel und Wien; Sallač, W. (1908): Die Geweihbildungen der jetzt lebenden Hirscharten der alten und neuen Welt. - 60. Generalversammlung des Böhm. Forstvereins in Prag; dgl. (1910): Die Hirscharten auf der ersten internationalen Jagd-Ausstellung Wien 1910. - Vereinsschrift Forst-, Jagd- und Naturkunde Prag 4: 3–38; Sanborn, C. C. (1953): Mammals from the Departments of Cuzco and Puno, Peru. - Publ. Mus. Hist. Nat. „Javier Prado" 12; Sanderson, I. T., u. F. Bolle (1956): Knaurs Tierreich in Farben: Säugetiere. München u. Zürich; Schreber, J. C. D. (sine anno): Die Säugethiere in Abbildungen nach der Natur mit Beschreibung. Erlangen; Sclater, P. L. (1870): Remarks on the arrangement and distribution of the Cervidae. - Proc. Zool. Soc. London: 114–116; dgl. (1871): Notes on rare or little-known Animals now or lately living in the Society's Gardens. Mammalia. - ebd.: 221–240; dgl. (1875): On *Cervus chilensis*. - ebd.: 44–47; Sick, H. (1957): Tukani. Hamburg u. Berlin; Simpson, G. G. (1945): Classification of Mammals. - Bull. Amer. Mus. Nat. Hist. 85; Smith, M. H., W. V. Branan, R. L. Marchinton, P. E. Johns u. M. C. Wooten (1986). Genetic and Morphologic Comparisons of Red Brocket, Brown Brocket, and White-Tailed Deer. - J. Mammal. 67 (1): 103–111; Smith, N. J. (1976): Utilization of game along Brazil's Transamazon Highway. - Acta Amazonica 6 (4): 455 bis 466; Soukup, J. (1961): Materiales para el Catalogo de los Mamiferos Peruanos. - Biota 28: 327–331; Spillmann, F. (1931): Die Säugetiere Ecuadors im Wandel der Zeit. - Univ. Central Quito; Stallings, J. R. (1984): Notes on Feeding Habits of *Mazama gouazoubira* in the Chaco Boreal of Paraguay. - Biotropica 16 (2): 155–157; Stirton, R. A. (1944): Comments on the Relationships of the Cervoid Family Palaeomerycidae. - Amer. J. Sci. 242 (12)

Tate, M. (1939/40): Mammals of the Guiana Region. - Bull. Amer. Mus. Nat. Hist. 76: 225–227; Terborgh, J. W., J. W. Fitzpatrick u. L. Emmons (1984): Annotated Checklist of Bird and Mammal Species of Cocha Cashu Biological Station Manu National Park, Peru. - Field. Zool. 21; Thenius, E., u. H. Hofer (1960): Stammesgeschichte der Säugetiere. Berlin, Göttingen u. Heidelberg; dgl. (1964): Herkunft und Entwicklung der südamerikanischen Säugetierfauna. - Z. Säugetierk. 29: 267 bis 284; dgl. (1968): Stammesgeschichte der Hirsche. In: Grzimeks Tierleben. Bd. 13. Zürich, S. 170–171; dgl. (1980): Grundzüge der Faunen- und Verbreitungsgeschichte der Säugetiere. Jena; Thomas, O. (1908): A new Deer of the Brocket Groups from Venezuela. - Ann. Mag. Nat. Hist. 1 (8): 349–350; dgl. (1913): On certain of the smaller S.-American Cervidae. - ebd. 11 (8): 585–589; Thomas, W. D. (1975): Observations on captive brockets *Mazama americana* and *M. gouazoubira*. - Int. Zoo Yb. 15: 77–78; dgl. (s. l. e. a.): Brockets; Thornback, J., u. M. Jenkins (1982): Northern Pudu. The IUCN Mammal Red Data Book. Gland, S. 497–499; Tscherner, W. (1978): Koprologische Untersuchungen bei Huftieren des Tierparks Berlin. - Verh.ber. XX. Int. Symp. Erkrankungen Zootiere Dvůr Králové. Berlin, S. 137 bis 143; Tschudi, J. J. von (1844): Fauna Peruana

Vanoli, T. (1967): Beobachtungen an Pudus, *Mazama pudu* (Molina, 1782). - Säugetierk. Mitt. **15**: 155–163; Volkman, N., u. K. Ralls (1973): Scent Marking in the Red Brocket, *Mazama americana*. - Zoologica New York 58 (2): 55–57; Voss, G. (1964): Notizen zur Fortpflanzungs-Rhythmik – Änderungen von Haarwechsel und Fortpflanzungsrhythmen bei Umsiedlungen von Süd- auf Nordhalbkugel und umgekehrt. - Zool. Garten N. F. 28: 263–265

Wagner, H. O. (1960): Beitrag zur Biologie des mexikanischen Spießhirsches *Mazama sartorii* (Saussure). - Z. Tierpsychol. 17: 358–363; Wagner, J. A. (1844): Cervina. - Die Säugethiere in Abbildungen nach der Natur von Schreber Supplementband, 4. Abt. Erlangen; dgl. (1855): Cervina Hirschthiere. - ebd. Leipzig; Wetterberg, G. B. (1972): Pudu in a Chilean National Park. - Oryx 11 (5): 347–351; Whitehead, G. K. (1950): Deer and their Management in the Deer Parks of Great Britain and Ireland. London; dgl. (1972): Deer of the world. New York; Wied, M. zu (1826): Beiträge zur Naturgeschichte von Brasilien, Bd. 2. Weimar; Winton, W. E. de (1896): On some Mammals from Ecuador. - Proc. Zool. Soc. London 33: 507–513; Wolffsohn, J. A., u. C. E. Porter (1908): Catalogo Metodico de los Mamiferos Chilenos. - Revista Chilena Hist. Nat. 12: 66–85; dgl. (1921): Catalogo de Craneos de Mamiferos de Chile colectados entre los años 1896 y 1918. - ebd. 25: 511–529; dgl. (1924): Medidas maximas y minimas de algunos mamiferos chilenos colectados entre los años 1896 y 1917. - ebd. 27

Yepes, J. (1929): Notas sobre algunos de los Mamiferos descriptos por Molina, con distribución geográfica en Chile y Argentina. - Revista Chilena Hist. Nat. 33: 468 bis 472

Zuckerman, S. (1952): The breeding seasons of mammals in captivity. - Proc. Zool. Soc. London 122: 827–950

10. Register